知りたい！サイエンス

オイラーから
始まる

分割数や
3角数・4角数
などから
考える

素数の不思議な見つけ方

オイラーの素数の見つけ方は画期的でした。
約数の和が自分自身＋1ならば、それは**素数**ですね。
その和が出てくる漸化式は、**オイラーの5角数定理**が源泉です。
この定理は、**ガウスやラマヌジャン**といった大数学者だけでなく、
現代数学にも大きな影響を及ぼしました。

小林吹代　著

技術評論社

もくじ

はじめに

　……　日本の高校生もスゴイ！

　ネットで『約数の和の公式』（ホッジ ルネ 倫(著)）を見つけたとき、心の底から感心いたしました。

　……　日本にも、そんな高校生がいたのか！

　……　まだまだ、日本も捨てたものではないな。

　正直なところ、日本の理系教育は凋落の一途をたどっていて、将来の発展など望むべくもないと思っていたのです。

　……　そんな（自分を棚に上げた）考えは思い上がりでした。

2020年4月に、数学のニュースが新聞等をにぎわせました。

　京大・望月教授の「ABC予想」の論文が、審査を通過して専門誌に掲載されるというのです。それは「たし算とかけ算」の関係を問い直すというものでした。じつは以前にも、同教授が解決したとの記事は出たのですが、半信半疑の状態が続いていたのです。（現在も、疑いが晴れたのかは定かではありません。）

　意外かもしれませんが、数学でだんぜん難しいのは（「かけ算」ではなく）「たし算」の方です。たし算の難問には、最初の手がかりさえ見つからないことが多いのです。

　18世紀、「たし算」の難問に「かけ算」の方から橋をかけた数学者がいました。オイラーです。「オイラーの多面体定理」や美し

い等式「$e^{i\pi}+1=0$」で有名ですね。じつはオイラーには、とある「たし算」の難問を解決するために、実に10年もの歳月をかけて証明した定理があるのです。

それが「オイラーの5角数定理」です。例の高校生たちが着目したのは、（並みの高校生は知らない）この有名な定理でした。

望月教授の成果を広めるためか、ご友人の方が解説書を出版されました。（参考文献**3**）一般向けとはいえ、（まともな数学から遠ざかって40年以上も過ぎた私には）何だか意味不明な内容が続いていました。そんな中で、たった1つだけ印象に残った言葉があったのです。

…… それは、テータ関数です。

…… やっぱり！ そうきたか！

テータ関数を生み出したのは、楕円関数でアーベルと競い合ったことで有名なヤコビです。（歴史の順序を無視すれば）「ヤコビの3重積」から、例の高校生たちが用いた「オイラーの5角数定理」も出てくるのです。

いよいよ「素数の見つけ方」を演じる役者たちが出そろってきました。これで、（ささやかながらも）楽しい芝居となりそうです。（当時の）高校生たちも着目した、すばらしい役者たちの力をお借りすることで……。

令和3年3月

小林吹代

素数の
不思議な見つけ方

序章

これから一緒に学んでいく、
ある家族の会話です。

数学の王者ガウスは、素数の出方がどうなってくるのか、
ずいぶん大きな素数まで順に見つけていって調べたのさ。

少しでも時間があると、さらに計算を続けて素数を見つ
けていったというわ。大切なのは、やっぱり努力ねぇ〜！

それで、どんな計算をして素数を見つけていったのだい。

計算って、たし算・引き算・かけ算・割り算だよね。

電卓もコンピュータもなかった時代でしょ。手で計算す
るなら、大きな数をかけたり割ったりするのはゴメンよ。

オイラーやガウスが、どんな計算をして素数を見つけて
いったかなんて、これまで気にしないで生きてきたなぁ。

▶素数って、どんな数？

素数って、どんな数でしょうか。

 素数は「数の素」かも！　パパッと数が作れる素だよ。

 「味の素」は知っているわ。パパッと味がよくなる素ね。

「数の素」というからには、素数を使って、山のごとく数が作れそうですね。でも数といっても……、小数や分数それに$\sqrt{2}$やπや$2+3i$等々、いろいろあるのです。

自然数1、2、3、4、5、……はおなじみですね。物を数えるときに用いる数です。

整数は、あまり自然とはいえません。あの何もないことを表す「0」も整数なのです。「0の発見」で有名ですね。もちろん、-1、-2、-3、-4、-5、……も（負の）整数です。

じつは素数が活躍するのは、この整数という数の世界です。もっとも（ほぼ）自然数のように使っていて、ときどき"正の"整数と断るのを忘れるほどです。

「1」は素数ではありません。「1」を使えば、「$1+1=2$」「$1+1+1=3$」……とドンドン整数を作っていけるので、万能の「数の素」と思いますよね。でも、この作り方は「たし算」です。

そもそも素数を「数の素」とした作り方は、「かけ算」なのです。

このため、（何にかけても 0 になる）「0」は最初からのぞきます。

　たとえば「6」は素数ではありません。6 個のお菓子を箱詰めするとき、1 列（や 1 行）でないような並べ方がありますね。

$6 = 2 \times 3$

　「6」は合成数です。「6」は、「2」と「3」を合成（かけ算）して作られた数です。

　これに対して、「2」や「3」は 1 列（1 行）にしか並べられません。「2」や「3」は（合成できない）素数です。

　たった「1」個を箱詰めした、上等のお菓子もあります。それを 1 列（1 行）というかどうかは別として、「1」も素数の仲間に入れたくなりますよね。

　じつは「1」は、（素数や合成数とは別にして）単数と呼ばれています。（有理）整数には、単数が「1 と −1」の 2 つあります。整数（のかけ算）では、この単数倍（±1 倍）のちがいを同一視して話を進めるので、うっかり "正の" 整数と断るのを忘れてしまうほどです。（その時はゴメンなさい！）ちなみに「1」を素数に入れようものなら、素因数分解の一意性はふっ飛んでしまいます。

$6 = 2 \times 3$、$6 = (-2) \times (-3)$、$6 = 3 \times 2$、$6 = (-3) \times (-2)$ は、どれも同じ素因数分解と見るのね。

 $6 = 2 \times 3 \times 1 \times (-1) \times (-1) \times \cdots \times 1$ はダメか〜！

▶ 素数の（平凡な）見つけ方

ここからは、"正の" 整数で話を進めましょう。

さて素数を見つけるには、どうすればよいでしょうか。

 おはじきを用意して、（どれも 1 列には並べられるから）2 列はどうか、3 列はどうか、……と順にためすのよ。

 ついに '自分自身' 列になるまで並べられなかったら、（そのときの個数は）素数というわけだな。

 2 列が無理なら、4 列や 6 列や 8 列は、ためさなくても無理よ。4 列に並べられたら、2 列にも並べられるわ。

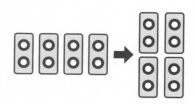

たとえば「7」が素数か否かを知りたいなら、2列、3列、（4列は飛ばして）5列、（6列は飛ばして）と順に7列になるまで並べてみます。（じつは$\sqrt{7}<\sqrt{9}=3$なので、ためすのは2列だけでよいのですが、この話はp34に回します。）

7÷2＝3余り1

7÷3＝2余り1

7÷5＝1余り2

7÷7＝1

「7」は、1列（7行）や7列（1行）にしか並べられません。ということは……、「7」は素数です。

素数か否かを判定するのに、（何列なら並べられるかと）「割り算」をしてきましたね。1列（'自分自身'行）や'自分自身'列（1行）というように、1と自分自身でしか割り切れないのが素数です。素数か否かは、10進法だろうが、（コンピュータで用いられる）2進法だろうが、（何本指で並べようと結果は同じで）数の表し方とは無関係です。

地球外（知的）生命体を確認したいなら、一定間隔で素数を発信するのがよいという説を聞いたことがあるな。

 もし指が8本でも、知的なら素数を理解できるのかい？

　素数を見つけるには、このように（何列に並べられるかという）「割り算」が要となってきます。そこで止せばよいものを、（これが先入観となって）次のような極論におちいりがちです。

 素数を見つけるには、とにかく「割り算」だぁ〜！
「割り算」せずに素数を見つけるなど、絶対にありえない！

▶素数の（不思議な）見つけ方

　論より証拠ですね。割り算しないで素数を見つけてみましょう。ちなみにこれから見ていく例は、あくまでも1例にすぎません。（この例は、第5章で詳しく扱います。他の例も、後の章にたくさん出てきます。）

　まずは、次ページのような表を作ります。

下の $w(n)$ の欄には、n が平方数（1、4、9、16、25、……）の
ときは1を、それ以外は0を書き込みます。

n	1	2	3	4	5	6	7	8	9	10	11	12	13
$w(n)$	1	0	0	1	0	0	0	0	1	0	0	0	0
$\ddot{\sigma}(n)$													

点が3つある下の記号は何？　ローマ字ではないよね。

ギリシャ文字のシグマさ。大文字が Σ で、小文字が σ だ。

$\ddot{\sigma}(n)$ の欄には、次の「不思議な式」から求まった値を記入します。

$$\ddot{\sigma}(n) = nw(n) - 2w(1)\ddot{\sigma}(n-1) - \cdots - 2w(n-1)\ddot{\sigma}(1)$$

たとえば先ほどの表の $n=1$ の下の $\ddot{\sigma}(n)$、つまり $\ddot{\sigma}(1)$ は次のように計算します。（手計算なら -2 で括るとよいですね。）

$$\ddot{\sigma}(1) = 1w(1) = 1 \cdot 1 = 1$$

$\ddot{\sigma}(2)$ は、（すでに求まった $\ddot{\sigma}(1)$ を用いると）次の通りです。
$$\ddot{\sigma}(2) = 2w(2) - 2w(1)\,\ddot{\sigma}(1) = (-2) \cdot 1 = -2$$

　求まった $\ddot{\sigma}(n)$ を順に用いると、次のようになってきます。
（$w(13)$ までででは）$\underline{w(1) = w(4) = w(9) = 1}$ の他は $w(n) = 0$ です。
$w(n) = 0$ の項は、$nw(n)$ の他は消しています。

$$\ddot{\sigma}(3) = 3w(3) - 2w(1)\,\ddot{\sigma}(2) = (-2)(-2) = 4$$
$$\ddot{\sigma}(4) = 4w(4) - 2w(1)\,\ddot{\sigma}(3) = 4 \cdot 1 + (-2) \cdot 4 = -4$$
$$\ddot{\sigma}(5) = 5w(5) - 2w(1)\,\ddot{\sigma}(4) - 2w(4)\,\ddot{\sigma}(1)$$
$$= (-2)(-4) + (-2) \cdot 1 = 6$$

$$\ddot{\sigma}(6) = 6w(6) - 2w(1)\,\ddot{\sigma}(5) - 2w(4)\,\ddot{\sigma}(2)$$
$$= (-2) \cdot 6 + (-2)(-2) = -8$$
$$\ddot{\sigma}(7) = 7w(7) - 2w(1)\,\ddot{\sigma}(6) - 2w(4)\,\ddot{\sigma}(3)$$
$$= (-2)(-8) + (-2) \cdot 4 = 8$$
$$\ddot{\sigma}(8) = 8w(8) - 2w(1)\,\ddot{\sigma}(7) - 2w(4)\,\ddot{\sigma}(4)$$
$$= (-2) \cdot 8 + (-2)(-4) = -8$$
$$\ddot{\sigma}(9) = 9w(9) - 2w(1)\,\ddot{\sigma}(8) - 2w(4)\,\ddot{\sigma}(5)$$
$$= 9 \cdot 1 + (-2)(-8) + (-2) \cdot 6 = 13$$
$$\ddot{\sigma}(10) = 10w(10) - 2w(1)\,\ddot{\sigma}(9) - 2w(4)\,\ddot{\sigma}(6) - 2w(9)\,\ddot{\sigma}(1)$$
$$= (-2) \cdot 13 + (-2)(-8) + (-2) \cdot 1 = -12$$

$$\ddot{\sigma}(11) = 11w(\cancel{11}) - 2w(\mathbf{1})\,\ddot{\sigma}(10) - 2w(\mathbf{4})\,\ddot{\sigma}(7) - 2w(\mathbf{9})\,\ddot{\sigma}(2)$$
$$= (-2)(-12) + (-2)\cdot 8 + (-2)(-2) = 12$$
$$\ddot{\sigma}(12) = 12w(\cancel{12}) - 2w(\mathbf{1})\,\ddot{\sigma}(11) - 2w(\mathbf{4})\,\ddot{\sigma}(8) - 2w(\mathbf{9})\,\ddot{\sigma}(3)$$
$$= (-2)\cdot 12 + (-2)(-8) + (-2)\cdot 4 = -16$$
$$\ddot{\sigma}(13) = 13w(\cancel{13}) - 2w(\mathbf{1})\,\ddot{\sigma}(12) - 2w(\mathbf{4})\,\ddot{\sigma}(9) - 2w(\mathbf{9})\,\ddot{\sigma}(4)$$
$$= (-2)(-16) + (-2)\cdot 13 + (-2)(-4) = 14$$

　求まった $\ddot{\sigma}(n)$ を先ほどの表に記入すると、次のようになります。これまで見てきたように、「割り算」は使っていません。

n	1	2	3	4	5	6	7	8	9	10	11	12	13
$w(n)$	1	0	0	1	0	0	0	0	1	0	0	0	0
$\ddot{\sigma}(n)$	1	-2	4	-4	6	-8	8	-8	13	-12	12	-16	14

　ここで問題です。さてこの表から、どうやって素数を見つけたらよいでしょうか。

n	1	$\boxed{2}$	3	4	5	6	7	8	9	10	11	12	13
$w(n)$	1	0	0	1	0	0	0	0	1	0	0	0	0
$\ddot{\sigma}(n)$	1	$\boxed{-2}$	4	-4	6	-8	8	-8	13	-12	12	-16	14

 素数を見つけるには、$\ddot{\sigma}(n) = n + 1$ となる n に着目ね。

 「2」はそうなっていないけど、偶数の素数は例外かな？

それにしても、$\ddot{\sigma}(n)$ はいったい何を求めているのでしょうか。

　奇数の場合（$\ddot{\sigma}(9) = 13$）に着目すれば、おおよそ見当がつきますよ。

　そもそも $\ddot{\sigma}(n)$ を求める「不思議な式」は、いったいどこから出てきたのでしょうか。（答えは第 5 章にあります。）

3角形に並べるなら、3皿まで！

4角形に並べるなら、4皿まで！

5角形に並べるなら、5皿まで！

（何角形に並べるときも1個はOK）

4角形

1節 ヤコビの4平方定理

▶**フェルマーからオイラーへ**

フェルマーを知っていますか。

 「フェルマーの最終定理」なら聞いたことがあるぞ。

　フェルマーは、他にも面白い定理をたくさん発見していました。でもその証明となると、ほとんど明かさなかったのです。当時は、証明を伏せることは珍しくありませんでした。

　フェルマーの主張した定理を、後年1つ1つ証明していったのがオイラーです。もっとも、偉大なオイラーにも証明できないものがありました。たとえば次の「4平方定理」です。

> ### 4平方定理
>
> すべての自然数は、4個の整数の平方和で表すことができる。

　ここで「平方」というのは「2乗」のことです。ちなみに「立方」なら「3乗」です。自然数の平方は、4角数ともいいます。

 $3 \times 3 = 3^2$　　　　 $2 \times 2 \times 2 = 2^3$

4個の平方数の和「$a^2+b^2+c^2+d^2$」ですが、a、b、c、dは（自然数ではなく）整数なので、もちろん**負の整数**や**0**でもかまいません。

たとえば自然数「10」は、次のように表されますね。

$$10 = 3^2 + 1^2 + 0^2 + 0^2$$
$$10 = 2^2 + 2^2 + 1^2 + 1^2$$

この「4平方定理」を最初に証明したのは、ラグランジュです。もっともラグランジュは、その表し方が何通りあるかまでは示しませんでした。

 $3 = 1^2 + 1^2 + 1^2$ だから、2個の「2平方定理」は無理よね。

 $7 = 2^2 + 1^2 + 1^2 + 1^2$ で、3個の「3平方定理」も無理だよ。

 「3平方定理」は「ピタゴラスの定理」よ。直角三角形の3辺の長さの関係で、$c^2 = a^2 + b^2$（cは斜辺）というものよ。

オイラーはゴールドバッハへの手紙の中で、次のような興味深いことを記しています。（参考文献 **4** p35 参照）

自然数 n を、4 個の整数の平方和で表す方法は

$$\left(\sum_{m=-\infty}^{\infty} x^{m^2} \right)^4 = \sum_{n=1}^{\infty} a_n x^n$$

の「x^n の係数」a_n 通りである。

ちなみに、次の式を展開したとき、

$$\left(\sum x^{m_1^2} \right)\left(\sum x^{m_2^2} \right)\left(\sum x^{m_3^2} \right)\left(\sum x^{m_4^2} \right)$$

x^n（の同類項）は、

$$m_1^2 + m_2^2 + m_3^2 + m_4^2 = n$$

となるたびに出てきます。

たとえば x^1 の係数なら、以下のようになってきます。

まず、次の青で囲んだ項をかけると、

$$(\cdots \boxed{+x^{(-1)^2}} + x^{0^2} + x^{1^2} + \cdots)(\cdots + x^{(-1)^2}\boxed{+x^{0^2}} + x^{1^2} + \cdots)$$
$$(\cdots + x^{(-1)^2}\boxed{+x^{0^2}} + x^{1^2} + \cdots)(\cdots + x^{(-1)^2}\boxed{+x^{0^2}} + x^{1^2} + \cdots)$$

これから x^1 が、$x^{(-1)^2}x^{0^2}x^{0^2}x^{0^2} = x^{(-1)^2+0^2+0^2+0^2}$ と出てきます。x の指数に着目すると、次の通りです。

$$1 = (-1)^2 + 0^2 + 0^2 + 0^2$$

さらに、次の青で囲んだ項をかけると、

$$(\cdots + x^{(-1)^2}\boxed{+ x^{0^2}}+ x^{1^2} + \cdots)(\cdots \boxed{+ x^{(-1)^2}}+ x^{0^2}+ x^{1^2} + \cdots)$$
$$(\cdots + x^{(-1)^2}\boxed{+ x^{0^2}}+ x^{1^2} + \cdots)(\cdots + x^{(-1)^2}\boxed{+ x^{0^2}}+ x^{1^2} + \cdots)$$

これからも x^1 が、$x^{0^2}x^{(-1)^2}x^{0^2}x^{0^2} = x^{0^2 + (-1)^2 + 0^2 + 0^2}$ と出てきます。x の指数に着目すると、次の通りです。

$$1 = 0^2 + (-1)^2 + 0^2 + 0^2$$

この調子でやっていけば、x^1（の同類項）が「自然数 1 の表し方」だけ出てきて、それら（の同類項）をまとめると、

$$x^1 + x^1 + x^1 + x^1 + x^1 + x^1 + x^1 + x^1 = a_1 x^1$$

となります。「自然数 1 の 4 平方の表し方」は「x^1 の係数」$a_1 (=8)$ というわけです。ちなみに 8 通りの「自然数 1 の表し方」は、次の通りです。

$$1 = (\pm 1)^2 + 0^2 + 0^2 + 0^2 \qquad (2 通り)$$
$$1 = 0^2 + (\pm 1)^2 + 0^2 + 0^2 \qquad (2 通り)$$
$$1 = 0^2 + 0^2 + (\pm 1)^2 + 0^2 \qquad (2 通り)$$
$$1 = 0^2 + 0^2 + 0^2 + (\pm 1)^2 \qquad (2 通り)$$

もちろん 0 は 0 だけで、± 0 の 2 通りではありません。日常的に「プラスマイナスゼロ（± 0）」といっていますが、0 は 0 であって、正でも負でもないのです。直角は直角であって、鋭角でも鈍角でもないのと似たようなものですね。

これまで「自然数 1 を 4 個の整数の平方和で表す方法」は、「x^1 の係数」$a_1(=8)$ ということを見てきました。でもこれは、単に問題をいいかえただけです。「自然数 n を 4 個の整数の平方和で表す方法」（が何通りか）を、「x^n の係数」a_n としたにすぎません。

ここでもし $\left(\displaystyle\sum_{m=-\infty}^{\infty} x^{m^2} \right)^4$ がどんな関数か分かって、そのべき級数展開を求められれば、（x^n の係数が分かって）これにて一件落着です。

ところがオイラーは、その肝心の関数に心当たりがなかったのです。これでは、単に問題をいいかえたにすぎません。もっとも、踏み出すべき一歩を指し示してはいましたが……。

▶オイラーからヤコビへ

このオイラーの路線にそって探求し、表し方が何通りあるかをつきとめたのがヤコビです。ヤコビは楕円関数の研究で、アーベルと競い合ったことでも有名ですね。

 アーベルは、楕円積分の逆関数へと発想を転換したのさ。

 ヤコビは楕円関数の研究中に、例の関数を発見したの？

次が、ヤコビの導き出した結論です。

4 平方和の総数

自然数 n を 4 個の整数の平方和で表す方法は

  n が奇数のときは、n の正の「奇約数の和」の 8 倍

  n が偶数のときは、n の正の「奇約数の和」の 24 倍

「奇約数」とは、奇数の約数のことです。n が偶数のときも、「偶約数」ではありませんので注意してください。

<u>ヤコビ流の数え方</u>では、たとえば自然数「10」の表し方は、次の 2 通り……、ではありません。

$$10 = 3^2 + 1^2 + 0^2 + 0^2$$
$$10 = 2^2 + 2^2 + 1^2 + 1^2$$

ヤコビ流では、次のように 144 通りと数えます。（p26 参照）

$10 = (\pm 3)^2 + (\pm 1)^2 + 0^2 + 0^2$

  ± のつけ方は、$2 \times 2 = 4$ 通り

  「(± 3), (± 1), 0, 0」の並べかえは、$4!/2! = 12$ 通り

  この場合は、$4 \times 12 = 48$ 通り

$10 = (\pm 2)^2 + (\pm 2)^2 + (\pm 1)^2 + (\pm 1)^2$

  ± のつけ方は、$2 \times 2 \times 2 \times 2 = 16$ 通り

  「(± 2), (± 2), (± 1), (± 1)」の並べかえは、$4!/2!2! = 6$ 通り

  この場合は、$16 \times 6 = 96$ 通り

両方を合わせると、$48 + 96 = 144$ 通り

さてこの 144 通りというのは、ヤコビの結果と一致しているのでしょうか。さっそく確認してみましょう。

　10 は偶数なので、「10 の正の奇約数の和の 24 倍」は、次のようになります。

> 「10 を割り切る正の奇数」は、1 と 5
> その和の 24 倍は、(1+5)×24＝144 通り

確かに、ヤコビのいう通りですね。

　それにしても、不思議だとは思いませんか。

　「自然数を 4 個の整数の平方和で表す」ことは、「割り切れるのか、割り切れないのか、それが問題だ」という約数とは、何の関係もありません。

　もっとも約数で問題なのは、「割り切れるか否か」ではなくて、「何で割り切れるか」です。

 「割り切れるか否か」なんて、割り算すれば分かるわ。

 「悩んでないでサッサと割れ〜！」と叫びたい気分だよ。

　それでは、「91」は「何で割り切れる」のでしょうか。

　こんな小さな数でも、うっかり 7 で割り切れると気づかなかったりするものです。13 でも割り切れると気づく方は、なかなかのものです。

でも小学生だって、割るだけなら簡単です。$91 \div 7 = 13$ です。これを求めた後でなら、誰だって 13 でも割り切れると気づきます。$91 \div 13 = 7$ です。$91 = 7 \times 13$ なのです。

　そもそも 10 を $9 + 1$ や $4 + 4 + 1 + 1$ と表すのは、「たし算」の問題です。たす数を、9 や 4 や 1 のような平方数（4角数）に限定しているだけの話です。

　これに対して 10 の（正の）約数（割り切る数）が 2 や 5（や 1 や 10）というのは、「かけ算」の問題です。$10 \div 2 = 5$、$10 \div 5 = 2$ で、これは $10 = 2 \times 5$ と同じです。

　それにしてもヤコビは何を用いて、この「たし算」の問題と「かけ算」の問題に、橋をかけることができたのでしょうか。

　その前に、「自然数を 4 個の整数の平方和で表す」ことは「たし算」の問題であると、計算を通して実感してみましょう。

▶ 4 平方和で表してみよう

　全部で何通りあるかは、「場合の数」として中学・高校でおなじみですね。まずは p23 の「$10 = (\pm 2)^2 + (\pm 2)^2 + (\pm 1)^2 + (\pm 1)^2$」を例に、数え方を復習しましょう。

　「±のつけ方」ですが、これは「積の法則」を用います。下図の左から右へ、どちらかの道を通って進む方法と同じだけあるのです。

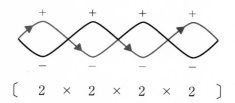

$$[\quad 2 \quad \times \quad 2 \quad \times \quad 2 \quad \times \quad 2 \quad]$$

 青い道を通るのは、「＋，－，－，＋」に対応しているのね。

 「$10 = (+2)^2 + (-2)^2 + (-1)^2 + (+1)^2$」に対応するのだね。

　この道の通り方は、全部で $2 \times 2 \times 2 \times 2 = 16$ 通りあります。つまり「±のつけ方」は 16 通りです。

　次に「2、2、1、1」の並べかえ方ですが、もし異なる4つの並べ方なら $4! = 4 \times 3 \times 2 \times 1$ 通りです。でも「2、2」や「1、1」は、並べかえても結果が同じなので、それぞれ「2!分の1」にへってきます。「2、2、1、1」の並べかえ方は $4! / 2! 2! = 6$ 通りです。

　以上から（p23 では）$16 \times 6 = 96$ 通りと数えていたのです。

問 次の自然数の「4個の整数の平方和」での表し方を、ヤコビ流に数えてみましょう。

(1) 15 　　 (2) 30 　　 (3) 60 　　 (4) 120

実際に数えてみる前に、ヤコビの結果を見ておきましょう。

(1)(2)(3)(4)とも、正の奇約数の和は $1 + 3 + 5 + 15 = 24$ です。

ヤコビによると、次のようになるはずです。

(1)は奇数なので、$24 \times 8 = \boxed{192 \text{ 通り}}$

(2)(3)(4)は偶数なので、どれも $24 \times 24 = \boxed{576 \text{ 通り}}$

それでは、実際に数えてみましょう。

(1)

$$\begin{cases} 15 - 3^2 = 6 \\ 6 - 2^2 = 2 \\ 2 - 1^2 = 1(1^2) \end{cases}$$

→ $\boxed{15 = (\pm 3)^2 + (\pm 2)^2 + (\pm 1)^2 + (\pm 1)^2}$

$2 \times 2 \times 2 \times 2 = 16$ 通り

$4! / 2! = 12$ 通り

$16 \times 12 = \underline{192 \text{ 通り}}$

$$\begin{cases} 15 - 2^2 = 11 \\ 11 - 2^2 = 7 \\ 7 - 2^2 = 3(\times) \end{cases}$$

ヤコビの結果の $\boxed{192 \text{ 通り}}$ ですね。

(2)

$$\left(\begin{array}{l} 30 - 5^2 = 5 \\ 5 - 2^2 = 1(1^2) \end{array}\right.$$ → $\boxed{30 = (\pm 5)^2 + (\pm 2)^2 + (\pm 1)^2 + 0^2}$

$2 \times 2 \times 2 = 8$ 通り

$4! = 24$ 通り

$8 \times 24 = \underline{192\ 通り}$

$$\left(\begin{array}{l} 30 - 4^2 = 14 \\ 14 - 3^2 = 5 \\ 5 - 2^2 = 1(1^2) \end{array}\right.$$ → $\boxed{30 = (\pm 4)^2 + (\pm 3)^2 + (\pm 2)^2 + (\pm 1)^2}$

$2 \times 2 \times 2 \times 2 = 16$ 通り

$4! = 24$ 通り

$16 \times 24 = \underline{384\ 通り}$

合わせて、$192 + 384 = \underline{576\ 通り}$ です。

ヤコビの結果の $\boxed{576\ 通り}$ ですね。

(3)

$$\left(\begin{array}{l} 60 - 7^2 = 11 \\ 11 - 3^2 = 2 \\ 2 - 1^2 = 1(1^2) \end{array}\right.$$ → $\boxed{60 = (\pm 7)^2 + (\pm 3)^2 + (\pm 1)^2 + (\pm 1)^2}$

$2 \times 2 \times 2 \times 2 = 16$ 通り

$4! / 2! = 12$ 通り

$16 \times 12 = \underline{192\ 通り}$

$$\left(\begin{array}{l} 60 - 6^2 = 24 \\ 24 - 4^2 = 8 \\ 8 - 2^2 = 4(2^2) \end{array}\right.$$ → $\boxed{60 = (\pm 6)^2 + (\pm 4)^2 + (\pm 2)^2 + (\pm 2)^2}$

$2 \times 2 \times 2 \times 2 = 16$ 通り

$4! / 2! = 12$ 通り

$16 \times 12 = \underline{192\ 通り}$

$$\begin{cases} 60 - 6^2 = 24 \\ 24 - 3^2 = 15 \\ 15 - 3^2 = 6 (\times) \end{cases}$$

$$\begin{cases} 60 - 5^2 = 35 \\ 35 - 5^2 = 10 \\ 10 - 3^2 = 1 (1^2) \end{cases}$$

$$\boxed{60 = (\pm 5)^2 + (\pm 5)^2 + (\pm 3)^2 + (\pm 1)^2}$$

$$2 \times 2 \times 2 \times 2 = 16 \text{ 通り}$$

$$4! / 2! = 12 \text{ 通り}$$

$$16 \times 12 = \underline{192 \text{ 通り}}$$

$$\begin{cases} 60 - 5^2 = 35 \\ 35 - 4^2 = 19 \\ 19 - 4^2 = 3 (\times) \end{cases}$$

$$\begin{cases} 60 - 4^2 = 44 \\ 44 - 4^2 = 28 \\ 28 - 4^2 = 12 (\times) \end{cases}$$

合わせて、$192 \times 3 = \underline{576 \text{ 通り}}$ です。

ヤコビの結果の $\boxed{576 \text{ 通り}}$ ですね。

(4) うまくいかない場合を省略すると、次の通りです。

$$\begin{cases} 120 - 10^2 = 20 \\ 20 - 4^2 = 4 (2^2) \end{cases}$$

$$\boxed{120 = (\pm 10)^2 + (\pm 4)^2 + (\pm 2)^2 + 0^2}$$

$$2 \times 2 \times 2 = 8 \text{ 通り}$$

$$4! = 24 \text{ 通り}$$

$$8 \times 24 = \underline{192 \text{ 通り}}$$

$$\left.\begin{array}{l} 120 - 8^2 = 56 \\ 56 - 6^2 = 20 \\ 20 - 4^2 = 4(2^2) \end{array}\right\} \longrightarrow \boxed{120 = (\pm 8)^2 + (\pm 6)^2 + (\pm 4)^2 + (\pm 2)^2}$$

$$2 \times 2 \times 2 \times 2 = 16 \text{ 通り}$$

$$4! = 24 \text{ 通り}$$

$$16 \times 24 = \underline{384 \text{ 通り}}$$

合わせて、$192 + 384 = \underline{576 \text{ 通り}}$ です。

ヤコビの結果の $\boxed{576 \text{ 通り}}$ ですね。

 平方数をドンドン引いていって、後でたし算に直すのね。

 数えるのは大変だが、「たし算・引き算」の問題だよなぁ。

2節 素数と素因数分解

▶約数は何個か数えてみよう

今度は「かけ算・割り算」です。

（正の）約数を求めるには、ドンドン割り算をしていくのです。
ためしに「360」の（正の）約数を求めてみましょう。

$$360 \div 2 = 180$$
$$180 \div 2 = 90$$
$$90 \div 2 = 45$$
$$45 \div 3 = 15$$
$$15 \div 3 = 5$$

```
2 ) 360
2 ) 180
2 )  90
3 )  45
3 )  15
      5
```

$360 \div 2 = 180$ は $360 = 2 \times \underline{180}$ と同じで、その $\underline{180}$ は $180 \div 2 = 90$ から $\underline{180} = 2 \times 90$ と同じです。今のところ、$360 = 2 \times 2 \times 90$ まできました。

90から後も続けていくと、最終的に $360 = 2 \times 2 \times 2 \times 3 \times 3 \times 5$ となります。

同じ数のかけ算は指数を用いて表すと、$360 = 2^3 \times 3^2 \times 5$ です。

$360 = 2^3 \times 3^2 \times 5$ は、360の素因数分解です。ここで2や3や5は、（正の整数では）1と自分自身でしか割り切れない素数です。素因数分解は、順序や単数の (± 1) 倍をのぞくと一意的です。

それでは、$360 = 2^3 \times 3^2 \times 5$ から、360 の約数を見つけていきましょう。

 約数は割り切る数だから、さっき割った「2、3、5」かな？

 $2 \times 2 = 4$ も、$2 \times 3 = 6$ も、$2 \times 2 \times 2 = 8$ も、約数だよ。

 2を4回かけた $2 \times 2 \times 2 \times 2 = 16$ は、約数でないわ！
2では3回しか割れなかったもの。2^3 の3回だけよ。

$360 = 2^3 \times 3^2 \times 5$ の2や3の上にある小さな数の指数は、「かけ算」から見ると何回かけたかです。でも「割り算」から見ると、何回割り切れるかです。ただし5の上の指数1は、省略しています。$5 = 5^1$ です。5で割り切れるのは1回です。

$360 = 2^3 \times 3^2 \times 5$ という素因数分解には、「2で3回」、「3で2回」、「5で1回」割り切れる（先ほど実際に割りました！）という、「かけ算・割り算」に関する全情報がつまっているのです。

それでは、いよいよ 360 の（正の）約数を求めていきましょう。

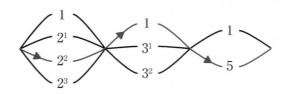

それには上図の左から右へ数を拾いながら進み、ゴールしたらそれらの数を「かけ算」するのです。道を描く際は、それぞれ1（$1 = n^0$）を忘れないように気をつけましょう。

青い道を通るのは、「$2^2 \times 1 \times 5 = 20$」で約数 20 ね。

さっきやった「積の法則」で、約数の個数が分かるよ。

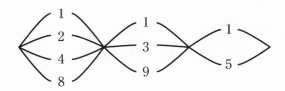

360 の（正の）約数の個数は、$4 \times 3 \times 2 = 24$ 個です。

$$360 = 2^3 \times 3^2 \times 5^1$$
$$\longrightarrow (3+1) \times (2+1) \times (1+1) = 24$$

360 の（正の）約数を全部求めたいなら、上の道順をたどって出していきます。

$1 \times 1 \times 1 = 1$	$1 \times 1 \times 5 = 5$	$1 \times 3 \times 1 = 3$
$1 \times 3 \times 5 = 15$	$1 \times 9 \times 1 = 9$	$1 \times 9 \times 5 = 45$
$2 \times 1 \times 1 = 2$	$2 \times 1 \times 5 = 10$	$2 \times 3 \times 1 = 6$
$2 \times 3 \times 5 = 30$	$2 \times 9 \times 1 = 18$	$2 \times 9 \times 5 = 90$

$4 \times 1 \times 1 = 4$	$4 \times 1 \times 5 = 20$	$4 \times 3 \times 1 = 12$
$4 \times 3 \times 5 = 60$	$4 \times 9 \times 1 = 36$	$4 \times 9 \times 5 = 180$
$8 \times 1 \times 1 = 8$	$8 \times 1 \times 5 = 40$	$8 \times 3 \times 1 = 24$
$8 \times 3 \times 5 = 120$	$8 \times 9 \times 1 = 72$	$8 \times 9 \times 5 = 360$

▶（続）素数の（平凡な）見つけ方

　360の（正の）約数は、素因数分解して求まりました。でも問題は、その素因数分解をする際に「何で割るか（割り切れるか）」ですよね。91を素因数分解しようにも、7で割り切れると気づかずに、素数とまちがえたのでは話になりません。

 おはじきを用意して、（どれも1列には並べられるから）2列はどうか、3列はどうか、……と順にためすのよ。

 360個でなくて36個でも、並べてみるのはゴメンだね。

　たとえば36個を、縦 m、横 n に並べて $36 = m \times n$ にするとしましょう。このとき、m と n の両方を大きくすることはできないことに着目です。

　もし $36 = 2 \times \underline{18}$ の（縦の）2を大きくして3にすると、$36 = 3 \times \underline{12}$ と（横の）18は小さくなって12になります。$36 = 6 \times \underline{6}$ の（縦の）6を大きくして9にすると、$36 = 9 \times \underline{4}$ と（横の）6は小さくなって

4 になるのです。（$xy = 36$ つまり $y = \dfrac{36}{x}$ の x と y の関係は、小学校で学んだ反比例ということです。）

　$36 = m \times n$（m、n は正の整数）としたときに、m と n のどちらかは $\sqrt{36}$（$= 6$）以下です。m と n が両方とも $\sqrt{36}$ より大きいと、$m \times n$ は $\sqrt{36} \times \sqrt{36} = 36$ を超えてしまいます。

　36 の約数は、必ず $\sqrt{36}$（$= 6$）以下で（少なくとも 1 個、約数 1 が）見つかります。もし見つけた約数 n が $\sqrt{36}$（$= 6$）より大きかったら、$36 \div n = m$ として、n のかわりに m を選べばよいのです。

　ちなみに、もし $\sqrt{36}$（$= 6$）以下の約数が 1 しかなかったら、それは素数ということです。

　36 は、$36 \div 2 = 18$ と（1 以外に）見つかるので、合成数です。この見つかった $36 \div 2 = 18$ から、$36 = 2 \times 18$ と分かります。36 は、2 と 18 から「かけ算」で合成されるのです。

　それでは、改めて「91」を見てみましょう。$\sqrt{91} < \sqrt{100} = 10$ なので、91 を割り切る数は（「<」に等号がついていないことから）9 以下で必ず見つかります。

　ちなみに「2、3、4、5、6、7、8、9」の全部で割ってみる必要はありません。2 で割り切れなければ、4、6、8 で割り切れるはずはなく、3 で割り切れなければ、6、9 で割り切れるはずはないのです。

結局のところ、「2、3、5、7」で割ってみることになります。順に割っていけば、$91 \div 7 = 13$ と見つかります。1 以外に見つかったので、91 は素数ではありません。$91 \div 7 = 13$ から $91 = 7 \times 13$ です。91 は、7 と 13 から「かけ算」で合成される合成数です。

> 問　127 は素数でしょうか。それとも合成数でしょうか。

 $\sqrt{127} < \sqrt{144} = 12$ ね。$11 \times 11 = 121$、$12 \times 12 = 144$ よ。

 「2、3、5、7、11」で割り切れないから、127 は素数だね。

▶エラトステネスの篩（ふるい）

　この方法で篩（ふるい）にかけて、素数でない数（合成数）を振り落としていく方法が、古くから知られています。エラトステネスの篩です。

　100 までの素数を知りたいなら、$\sqrt{100} = 10$ から「2、3、5、7」（10 までの素数）で割り切れる数、つまりこれらの倍数を振り落としていきます。

　（次ページでは、2 で振り落とした段階から始めています。）

2	3	5	7		11	13	15	17	19
21	23	25	27	29	31	33	35	37	39
41	43	45	47	49	51	53	55	57	59
61	63	65	67	69	71	73	75	77	79
81	83	85	87	89	91	93	95	97	99

↓ 3 の倍数を振り落とす

2	3	5	7		11	13		17	19
	23	25		29	31		35	37	
41	43		47	49		53	55		59
61		65	67		71	73		77	79
	83	85		89	91		95	97	

↓ 5 の倍数を振り落とす

2	3	5	7		11	13		17	19
	23			29	31			37	
41	43		47	49		53			59
61			67		71	73		77	79
	83			89	91			97	

↓ 7 の倍数を振り落とす

2	3	5	7	11	13		17	19
	23		29	31			37	
41	43		47		53			59
61			67	71	73			79
	83		89			97		

　「100」までの素数は、10以下の素数（2、3、5、7）4個と、振り落とされずに残った数21個の計25個です。

▶ **ウィルソンの定理**

　素数かどうかを判別する方法に、次のようなものもあります。

ウィルソンの定理

p を 1 より大きな整数としたとき

　p が素数　⟷　$(p-1)!+1$ が p で割り切れる

　$(p-1)!+1$ には「！」（階乗）が入っているため、p が大きいとビックリするほど大きな数になってしまいます。

$(5-1)!+1=4\cdot3\cdot2\cdot1+1=25$
25 は 5 で割り切れるから、「5」は素数よ。

$(6-1)! + 1 = 5 \cdot 4 \cdot 3 \cdot 2 \cdot 1 + 1 = 121$

121 は 6 で割り切れないから、「6」は合成数だよ。

▶バーゼル問題

話を元に戻しましょう。

オイラーは、p20 上の関数には心当たりがなかったのですが、じつはこの路線でうまくいった経験があったのです。

それがバーゼル問題です。

バーゼル問題

$$\frac{1}{1^2} + \frac{1}{2^2} + \frac{1}{3^2} + \cdots\cdots + \frac{1}{n^2} + \cdots\cdots$$

1689 年に、ヤコブ・ベルヌーイが「この無限級数の値を求めてくれたら大いに感謝する」といったことを著書の中で述べました。そのヤコブが在籍していたのが(出生地にある)バーゼル大学だったことから、この問題はバーゼル問題と呼ばれるようになったのです。

ヤコブ以前に、じつはライプニッツもこの問題に挑戦していました。ライプニッツは、次の級数(ライプニッツの級数)の値を求めることに成功していたのです。

$$1 - \frac{1}{3} + \frac{1}{5} - \frac{1}{7} + \frac{1}{9} - \frac{1}{11} + \cdots\cdots = \frac{\pi}{4}$$

円周率 π（直径 1 の円周の長さ）が現れてきたのが、驚きでしたね。でもライプニッツ以前に、グレゴリーがこの値を発見していたことは、今では有名な話です。でもさらに前の 1400 年頃に、じつはインドのマーダヴァによって発見されていました。

このバーゼル問題を解決したのが、当時 28 歳だった（同じバーゼル生まれで、ベルヌーイ家と縁浅からぬ）オイラーです。1735 年のことで、ヤコブ・ベルヌーイはすでに亡くなっていました。

オイラーにとって「バーゼル問題」は特別の思い入れがあったようで、生涯で 4 通りの解き方を示したということです。

その最初の解き方の発想は、次のようなものでした。

まず、次のような（かけていく項が先々で 1 に近づくような）無限にかけた積（で表される関数）を考察したのです。

$$\left(1 - \frac{x^2}{1^2\,\pi^2}\right)\left(1 - \frac{x^2}{2^2\,\pi^2}\right)\left(1 - \frac{x^2}{3^2\,\pi^2}\right)\cdots\cdots$$

これを展開すると、x^2 の項は以下のように出てきます。

まず、次の青で囲んだ項をかけると、$-\dfrac{1}{1^2\,\pi^2}\,x^2$ が出てきます。

$$\left(1\boxed{-\frac{x^2}{1^2\,\pi^2}}\right)\left(\boxed{1} - \frac{x^2}{2^2\,\pi^2}\right)\left(\boxed{1} - \frac{x^2}{3^2\,\pi^2}\right)\cdots\cdots$$

次の青で囲んだ項をかけると、$-\dfrac{1}{2^2\,\pi^2}\,x^2$ が出てきます。

$$\left(\boxed{1}-\dfrac{x^2}{1^2\,\pi^2}\right)\left(1\boxed{-\dfrac{x^2}{2^2\,\pi^2}}\right)\left(\boxed{1}-\dfrac{x^2}{3^2\,\pi^2}\right)\cdots\cdots$$

この調子で、出てきた x^2（の同類項）をまとめると、次のようになってきます。

$$-\left(\dfrac{1}{1^2\,\pi^2}+\dfrac{1}{2^2\,\pi^2}+\dfrac{1}{3^2\,\pi^2}+\cdots\cdots+\dfrac{1}{n^2\,\pi^2}+\cdots\cdots\right)x^2$$

$$=-\dfrac{1}{\pi^2}\left(\dfrac{1}{1^2}+\dfrac{1}{2^2}+\dfrac{1}{3^2}+\cdots\cdots+\dfrac{1}{n^2}+\cdots\cdots\right)x^2$$

つまり「バーゼル問題」が、「x^2 の係数」として現れてくるのです。それでは、そもそも次の関数は何なのでしょうか。

$$\left(1-\dfrac{x^2}{1^2\,\pi^2}\right)\left(1-\dfrac{x^2}{2^2\,\pi^2}\right)\left(1-\dfrac{x^2}{3^2\,\pi^2}\right)\cdots\cdots$$

これに x をかけた関数なら、心当たりがありますね。

$$x\left(1-\dfrac{x^2}{1^2\,\pi^2}\right)\left(1-\dfrac{x^2}{2^2\,\pi^2}\right)\left(1-\dfrac{x^2}{3^2\,\pi^2}\right)\cdots\cdots$$

この関数の x に「0, $\pm\pi$, $\pm2\pi$, $\pm3\pi$, ……」を代入すると……、0 になります。つまりこの関数のグラフは、x 軸と「0,

$\pm \pi$，$\pm 2\pi$，$\pm 3\pi$，……」で交わるということです。

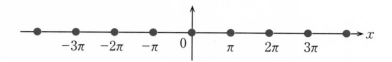

　（べき級数で表される関数で）零点（関数の値が 0 となる x）が「0，$\pm \pi$，$\pm 2\pi$，$\pm 3\pi$，……」の関数というと……、心当たりは $\sin x$ くらいですよね。

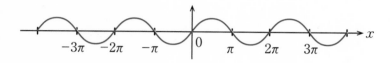

　つまり、C を定数としたとき、

$$\sin x = C x \left(1 - \frac{x^2}{1^2 \pi^2}\right)\left(1 - \frac{x^2}{2^2 \pi^2}\right)\left(1 - \frac{x^2}{3^2 \pi^2}\right)\cdots\cdots$$

ではないかと推察されるのです。

　ちなみに $\sin x$ のべき級数展開は次の通りです。

$$\sin x = 1 x - \frac{x^3}{3!} + \frac{x^5}{5!} - \frac{x^7}{7!} + \cdots\cdots$$

　定数 C は、2つの式の「x の係数」から $C=1$ と分かります。つまり、次が成り立つと期待されるのです。

$$\left(1 - \frac{x^2}{1^2\,\pi^2}\right)\left(1 - \frac{x^2}{2^2\,\pi^2}\right)\left(1 - \frac{x^2}{3^2\,\pi^2}\right)\cdots\cdots$$

$$= 1 - \frac{x^2}{3!} + \frac{x^4}{5!} - \frac{x^6}{7!} + \cdots\cdots$$

両辺の「x^2 の係数」を比べれば、「バーゼル問題」の値が出てきます。

$$-\frac{1}{\pi^2}\left(\frac{1}{1^2} + \frac{1}{2^2} + \frac{1}{3^2} + \cdots\cdots + \frac{1}{n^2} + \cdots\cdots\right) = -\frac{1}{3!}$$

$$\frac{1}{1^2} + \frac{1}{2^2} + \frac{1}{3^2} + \cdots\cdots + \frac{1}{n^2} + \cdots\cdots = \frac{\pi^2}{6}$$

さらに「x^4」「x^6」……の係数に着目することで、（指数が偶数の場合は）じつは次のように求まってきます。

$$\frac{1}{1^4} + \frac{1}{2^4} + \frac{1}{3^4} + \cdots\cdots + \frac{1}{n^4} + \cdots\cdots = \frac{\pi^4}{90}$$

$$\frac{1}{1^6} + \frac{1}{2^6} + \frac{1}{3^6} + \cdots\cdots + \frac{1}{n^6} + \cdots\cdots = \frac{\pi^6}{945}$$

$$\frac{1}{1^8} + \frac{1}{2^8} + \frac{1}{3^8} + \cdots\cdots + \frac{1}{n^8} + \cdots\cdots = \frac{\pi^8}{9450}$$

これらの求め方ですが、たとえば「x^4 の係数」から、まずは次が出てきます。

$$\frac{1}{\pi^4}\left(\frac{1}{1^2 \cdot 2^2}+\frac{1}{1^2 \cdot 2^2}+\cdots+\frac{1}{2^2 \cdot 3^2}+\cdots\cdots\right)=\frac{1}{5!}$$

$$\frac{1}{1^2 \cdot 2^2}+\frac{1}{1^2 \cdot 2^2}+\cdots+\frac{1}{2^2 \cdot 3^2}+\cdots\cdots=\frac{\pi^4}{5!}$$

4乗の場合の値は、これから次のように求まります。

$$\frac{1}{1^4}+\frac{1}{2^4}+\frac{1}{3^4}+\cdots\cdots+\frac{1}{n^4}+\cdots\cdots$$

$$=\left(\frac{1}{1^2}+\frac{1}{2^2}+\frac{1}{3^2}+\cdots\cdots\right)^2-2\left(\frac{1}{1^2 \cdot 2^2}+\frac{1}{1^2 \cdot 2^2}+\cdots\cdots\right)$$

$$=\left(\frac{\pi^2}{6}\right)^2-2\times\frac{\pi^4}{5!}$$

$$=\frac{\pi^4}{90}$$

オイラーが発見した次の式は、結果的には正しいものでした。

$$\sin x = x\left(1-\frac{x^2}{1^2 \pi^2}\right)\left(1-\frac{x^2}{2^2 \pi^2}\right)\left(1-\frac{x^2}{3^2 \pi^2}\right)\cdots\cdots$$

　でも発表した当初は称賛されたものの、次第に（推測の域を出ないのではないかとの）疑いの目を向けられるようになったのです。

たとえば多項式「x^4-1」で表される関数の零点（$x^4-1=0$ となる x）は、（実数では）「$x=1$, -1」だけです。ところが $x^4-1=(x-1)(x+1)$ ではなくて、$x^4-1=(x-1)(x+1)(x^2+1)$ です。（実数の）零点の情報だけで（べき級数で表されるような）関数を特定するなど、とうてい受け入れられなかったのです。（複素関数論は、まだ芽生えてもいませんでした。）

　それでもオイラーは、こうして求めた値が正しいことには自信をもっていました。これまで苦労して求めてきた近似値と、小数点以下何桁もピッタリ一致したからです。そこでさらに研究を積み重ね、4 通りもの証明を完成させていったのです。

▶関数の正体は？

　問題は、次の関数でしたね。

$$\left(\sum_{m=-\infty}^{\infty} x^{m^2} \right)^4 = \sum_{n=1}^{\infty} a_n x^n$$

　はたして（左辺は）どんな関数で、これをべき級数に展開したら（右辺は）どうなるのでしょうか。

　本来ならば、ここでその関数の正体を明かすべきですね。

　でも $\sin x$ のように、（オイラーの時代に）知られていた関数ではありませんでした。じつはその関数には、テータ関数が用いられるのです。（p178 下参照）

テータ関数は、ヤコビが楕円関数の研究の中で生み出したもの
で、それ自身は楕円関数ではありません。楕円関数を組み立てる、
いわば部品のようなものです。

　楕円関数の「0となる零点」と「∞となる極」に着目し、それら
に対応するようにテータ関数をそれぞれ平行移動させ、これらの
テータ関数たちを（零点に対応するのは）分子、（極に対応するの
は）分母にもってきて、（分数関数のように）かけ合わせる（組み
立てる）のです。

　そもそも楕円関数は、歴史的には楕円積分の逆関数として見出
されたものです。その楕円積分は、楕円の弧長を求める積分から
きています。

　楕円関数は、（ガロアと並んで人気の高い）アーベルが、ヤコ
ビと競い合って研究したことで有名ですね。

　でも歴史を無視して一言でいうと、楕円関数は（有理型の）2重
周期関数です。いわば（複素数平面から平行四辺形を切り取って
貼り合わせた）トーラス上の（飛び飛びのところで∞になる）関数
です。

　ちなみに $\sin x$ は、単一周期関数です。いわば（数直線から線
分を切り取ってつなぎ合わせた）円上の関数です。

　フーリエ解析では、この $\sin x$ も（$\cos x$ と組んで）別の仕方で
部品のような役割を果たしていますね。

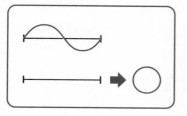
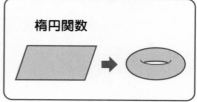

楕円関数

さて 1 次元（実数）の $\sin x$ では、$\cos x$ と組んで、山のような公式を学びました。

……どうも、いやな予感がしてきましたね。

（数）直線から（複素数）平面へと次元が上がると、この一緒に組んで行動する関数の個数も増えるのです。

3 角関数では 2 個（$\sin x$、$\cos x$）だったのが、テータ関数では 4 個（ϑ_1、ϑ_2、ϑ_3、ϑ_0）となり、これまた山のような公式が導かれるのです。

そんなテータ関数の公式を駆使して導かれたのが、「ヤコビの 4 平方定理」です。（著者の力量の都合で）ここでは省略させていただきます。

「4 平方和」と「奇約数和」の橋渡しは、テータ関数さ。

「たし算」と「かけ算」の橋渡しね。織姫と彦星みたいね。

オイラー積

　オイラーは「たし算とかけ算」で、次のような発見もしています。

$$\frac{1}{1^x} + \frac{1}{2^x} + \frac{1}{3^x} + \cdots\cdots = \prod_p \frac{1}{1 - \dfrac{1}{p^x}} \quad (x > 1)$$

　右辺は素数 p にわたる積で、オイラー積と呼ばれています。

　次の（無限等比級数の）式で、$t = \dfrac{1}{p^x}$ $(x > 1)$ とすると、

$$\frac{1}{1-t} = 1 + t + t^2 + t^3 + t^4 + t^5 + \cdots\cdots \quad (|t| < 1)$$

オイラー積（の出だし）は、次のようになります。

$$\left(1 + \frac{1}{2^x} + \frac{1}{2^{2x}} + \cdots \right)\left(1 + \frac{1}{3^x} + \frac{1}{3^{2x}} + \cdots \right)\left(1 + \frac{1}{5^x} + \frac{1}{5^{2x}} + \cdots \right)$$

　これを展開すると、次のような項が出てきます。

$$\left(\boxed{1} + \frac{1}{2^x} + \frac{1}{2^{2x}} + \cdots \right)\left(\boxed{1} + \frac{1}{3^x} + \cdots \right)\left(\boxed{1} + \frac{1}{5^x} + \cdots \right)\cdots \Longrightarrow \frac{1}{1^x}$$

$$\left(1 + \boxed{\frac{1}{2^x}} + \frac{1}{2^{2x}} + \cdots \right)\left(\boxed{1} + \frac{1}{3^x} + \cdots \right)\left(\boxed{1} + \frac{1}{5^x} + \cdots \right)\cdots \Longrightarrow \frac{1}{2^x}$$

$$\left(\boxed{1} + \frac{1}{2^x} + \frac{1}{2^{2x}} + \cdots \right)\left(1 + \boxed{\frac{1}{3^x}} + \cdots \right)\left(\boxed{1} + \frac{1}{5^x} + \cdots \right)\cdots \Longrightarrow \frac{1}{3^x}$$

$$\left(1+\frac{1}{2^x}+\boxed{\frac{1}{2^{2x}}}+\cdots\right)\left(\boxed{1}+\frac{1}{3^x}+\cdots\right)\left(\boxed{1}+\frac{1}{5^x}+\cdots\right)\cdots \Longrightarrow \frac{1}{4^x}$$

$$\left(\boxed{1}+\frac{1}{2^x}+\frac{1}{2^{2x}}+\cdots\right)\left(\boxed{1}+\frac{1}{3^x}+\cdots\right)\left(1+\boxed{\frac{1}{5^x}}+\cdots\right)\cdots \Longrightarrow \frac{1}{5^x}$$

$$\left(1+\boxed{\frac{1}{2^x}}+\frac{1}{2^{2x}}+\cdots\right)\left(1+\boxed{\frac{1}{3^x}}+\cdots\right)\left(\boxed{1}+\frac{1}{5^x}+\cdots\right)\cdots \Longrightarrow \frac{1}{6^x}$$

「素因数分解の一意性」を考慮すれば、オイラー積を展開したとき、次のようになると期待されます。

$$\left(1+\frac{1}{2^x}+\frac{1}{2^{2x}}+\cdots\right)\left(1+\frac{1}{3^x}+\cdots\right)\left(1+\frac{1}{5^x}+\cdots\right)\cdots\cdots$$

$$=\frac{1}{1^x}+\frac{1}{2^x}+\frac{1}{3^x}+\frac{1}{4^x}+\frac{1}{5^x}+\frac{1}{6^x}+\cdots\cdots$$

もっともオイラー自身は、(素因数分解の一意性により)「オイラー積」は「$\frac{1}{1^x}+\frac{1}{2^x}+\frac{1}{3^x}+\cdots\cdots$」である、と済ませたわけではありません。オイラー積の部分積が「$\frac{1}{1^x}+\frac{1}{2^x}+\frac{1}{3^x}+\cdots\cdots$」に近づくことを確認しているのです。

オイラーは"おおらかな"性格だったかもしれません。でも巷で信じられているほど、"大ざっぱ"な性格ではなかったようです。

　そもそも19世紀における数学の厳密な流れは、（オイラーではなく）フーリエに対する反省からきたものです。フーリエ解析をしっかりした土台の上に築くことが、そもそもの動機だったのです。

「分割数」と「約数の和」 の不思議な関係

りんご5個を（切らずに）分けよう！

3節 整数の分割

▶分割数って、どんな数？

　「整数の分割」とは、どのようなものでしょうか。ここでは整数といったら、"正の"整数のこととします。

 「遺産の分割」なら心配ないぞ！（少しは残したいが……）

 人数で「割り算」すればいいのよ。でも割り切れるかな？

 そもそも何人で「割り算」するの？　私も入れてほしいわ。

 平等に分けるなら「割り算」だけど、私は多いはずよ。

　「整数の分割」は、あまったからといって分数にしてはいけません。それに、そもそも平等に分けるつもりもないのです。

　たとえば、整数「5」を分割するとしましょう。

　もし平等に（あまらないように）分けるなら、1人か5人で分けるしかないですよね。5÷1＝5、5÷5＝1と「割り算」になってきます。5の（正の）約数は1と5だけです。

これに対して、これから見ていく「整数の分割」は、いくつに分けてもよく、このとき多い少ないがあってもよいのです。

　整数「5」の分割は、次のようになってきます。この分割は、平等に分ける「割り算」ではなく、あくまでも「たし算」なのです。

○○○○○	↔	$5 = 5$
○○○○ | ○	↔	$5 = 4 + 1$
○○○ | ○○	↔	$5 = 3 + 2$
○○○ | ○ | ○	↔	$5 = 3 + 1 + 1$
○○ | ○○ | ○	↔	$5 = 2 + 2 + 1$
○○ | ○ | ○ | ○	↔	$5 = 2 + 1 + 1 + 1$
○ | ○ | ○ | ○ | ○	↔	$5 = 1 + 1 + 1 + 1$

 5＝5って、分けずに独り占めだよ。これも分割なの？

　これも分割に含めることにしています。また、たし算の順序が入れかわるだけのものは、同一の分割とします。整数「5」の分割は、上記の7通りです。この7通りの7を、整数「5」の分割数といい $p(5)$ と記します。$p(5) = 7$ です。

| 問 | 6 の分割数 $p(6)$ を求めましょう。 |

$6=6$ $6=3+3$ $6=2+2+2$

$6=5+1$ $6=3+2+1$ $6=2+2+1+1$

$6=4+2$ $6=3+1+1+1$ $6=2+1+1+1+1$

$6=4+1+1$ $6=1+1+1+1+1+1$

答え $p(6)=11$

　整数「n」の分割数 $p(n)$ は、（後で求めますが）次のようになってきます。さらに整数「0」の分割数 $p(0)$ は、（後述の都合により）$p(0)=1$ としています。

n	1	2	3	4	5	6	7	8
$p(n)$	1	2	3	5	7	11	15	22

n	9	10	11	12	13	14	15	16
$p(n)$	30	42	56	77	101	135	176	231

 $5+1=6$ や $4+2=6$ ならやってきたけど、逆に $6=5+1$ や $6=4+2$ にバラしたことはなかったよ。

 これを間違いなく数え上げるのは、大変だろうねぇ。

 そこで「おいら」じゃなく、オイラーの出番なのさ。

▶べき級数の係数って、何の数？

　最初に分割数の研究に取り組んだのは、またしてもオイラーです。このときもオイラーは、べき級数を利用しました。

　まず $|x|<1$ のときは、次の通りです。（無限等比級数）

$$\frac{1}{1-x} = 1 + x + x^2 + x^3 + x^4 + x^5 + \cdots$$

このときは、$|x^k|<1\,(k=1,\ 2,\ 3,\ \cdots\cdots)$ となり

$$\frac{1}{1-x^k} = 1 + x^k + x^{2k} + x^{3k} + x^{4k} + x^{5k} + \cdots$$

です。

　そこで、これらを全部かけるのです。

$$\prod_{k=1}^{\infty} \frac{1}{1-x^k}$$

$$= \prod_{k=1}^{\infty} \left(1 + x^k + x^{2k} + x^{3k} + \cdots\cdots \right)$$

$$= \prod_{k=1}^{\infty} \left(1 + \left(x^k \right) + \left(x^k \right)^2 + \left(x^k \right)^3 + \cdots\cdots \right)$$

$$= (1 + (x^1) + (x^1)^2 + (x^1)^3 + \cdots)$$
$$(1 + (x^2) + (x^2)^2 + \cdots)(1 + (x^3) + (x^3)^2 + \cdots)\cdots$$

　さて、これから何が分かるというのでしょうか。

　ためしに（展開したときの）「x^3 の係数」を見てみましょう。

$$(1 + (x^1) + (x^1)^2 + \boxed{(x^1)^3} + \cdots)\boxed{(}1 + (x^2) + \cdots)\boxed{(}1 + (x^3) + \cdots)\cdots$$

これから出る x^3 は、$(x^1)^3 = (x^1)(x^1)(x^1) = x^{1+1+1}$ です。x の指数に着目すると、「$3 = 1 + 1 + 1$」です。

$$(1 + \boxed{(x^1)} + (x^1)^2 + (x^1)^3 + \cdots)(1 + \boxed{(x^2)} + \cdots)\boxed{(}1 + (x^3) + \cdots)\cdots$$

これから出る x^3 は、$(x^1)(x^2) = x^{1+2}$ です。x の指数に着目すると、「$3 = 1 + 2$」です。

$$(\boxed{1} + (x^1) + (x^1)^2 + (x^1)^3 + \cdots)\boxed{(}1 + (x^2) + \cdots)(1 + \boxed{(x^3)} + \cdots)\cdots$$

これから出る x^3 は、$(x^3) = x^3$ です。x の指数に着目すると、「$3 = 3$」です。

このように、x^3（の同類項）は「3 の分割数」だけ出てきて、（同類項を）まとめると、$x^3 + x^3 + x^3 = 3x^3$ となります。「3 の分割数」$p(3)$ は「x^3 の係数」（$3x^3$ の 3）というわけです。

同じように見ていくと、「n の分割数」$p(n)$ は「x^n の係数」となってきます。

$$\prod_{k=1}^{\infty} \frac{1}{1-x^k} = \sum_{n=0}^{\infty} p(n)x^n \quad \left(p(0) = 1 \right)$$

ここで $p(0) = 1$ とします。$x^0 = 1$ の係数（定数項）が 1 だからです。これまでのところ、「n の分割数」$p(n)$ は「x^n の係数」というように、単に問題をいいかえたにすぎません。

▶オイラーの5角数定理

　ここからがオイラーの本領発揮です。左辺の分子と分母を逆にした $\prod_{k=1}^{\infty}\left(1-x^k\right)$ に目をつけたのです。

　この $\prod_{k=1}^{\infty}\left(1-x^k\right)$ はオイラー関数と呼ばれることも少なくなく、$\prod_{k=1}^{\infty}\left(1-q^k\right)$ と q が用いられることもあります。オイラー関数を、ここでは $\Phi(x)$ と記すことにします。

$$\Phi(x) = (1-x)(1-x^2)(1-x^3)\cdots\cdots \qquad (|x|<1)$$

　じつはオイラー関数というだけでは、どの関数なのか特定されないのです。オイラーの定理だけでは、どの定理なのか特定できないのと似たような状況なのです。

　p56 で分かったことは、次の通りです。

$$\frac{1}{\Phi(x)} = \sum_{n=0}^{\infty} p(n) x^n$$

　オイラーは、$\Phi(x)$ のべき級数展開をすぐにつきとめました。実際に $(1-x)(1-x^2)(1-x^3)\cdots$ の途中までを、項の個数を2個、3個と増やして展開していくと、係数が次第に確定してくるのが分かります。

　ここまでなら、驚くほどではありません。

オイラーがすごいのは、このときの規則性に何と5角数を発見したのです。ただ問題は、その証明でした。じつはオイラーをして、何と10年近くの歳月を要したというのです。

次がその $\Phi(x)$ のべき級数展開である「オイラーの5角数定理」です。

オイラーの5角数定理

$$\prod_{k=1}^{\infty}\left(1-x^k\right) = \sum_{n=-\infty}^{\infty}\left(-1\right)^n x^{\frac{n(3n-1)}{2}} \qquad (\,|x|<1\,)$$

$$= 1 + \sum_{n=1}^{\infty}\left(-1\right)^n \left\{ x^{\frac{n(3n-1)}{2}} + x^{\frac{n(3n-1)}{2}+n} \right\}$$

「5角数定理」の名は、x の指数に現れた $\dfrac{n(3n-1)}{2}$ が5角数であることからきています。（コラムⅡ参照）

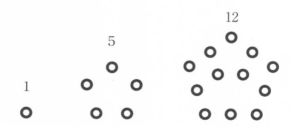

ちなみに定理の 2 行目の式は、以下のように出てきます。

$$n = 0 \text{ のときは } \quad (-1)^0 x^{\frac{0(3 \times 0 - 1)}{2}} = 1$$

$$n = -m \ (m > 0) \text{ のときは}$$

$$(-1)^n x^{\frac{n(3n-1)}{2}} = (-1)^{-m} x^{\frac{-m(-3m-1)}{2}}$$

$$= (-1)^m x^{\frac{m(3m+1)}{2}}$$

$$= (-1)^m x^{\frac{m(3m-1)+2m}{2}}$$

$$= (-1)^m x^{\frac{m(3m-1)}{2}+m}$$

　ここで x の指数に現れた $\dfrac{m(3m-1)}{2} + m$ は、5 角数ではありません。（このため、規則性の発見が難しくなります。）オイラーの 5 角数定理（の出し方）については、後の章に回すことにします。

　さて、オイラー関数 $\Phi(x)$ をべき級数に展開したときの「x^n の係数」ですが、ここでは $a(n)$ と記してオイラー関数の係数と呼ぶことにします。ここだけでの記号や呼称です。

　するとオイラーの 5 角数定理は、次のようになります。ただし $a(0) = 1$ とします。

$$\Phi(x) = \sum_{n=0}^{\infty} a(n) x^n \qquad (|x| < 1)$$

ここで $a(n)$ は、$h = 1$，2，3，$\cdots$ としたとき

$$n = \frac{h(3h-1)}{2}, \quad \frac{h(3h-1)}{2} + h \text{ では、} a(n) = (-1)^h$$

$$n \neq \qquad \text{〃} \qquad \text{では、} a(n) = 0$$

まずは $a(n) \neq 0$ であるような $a(n)$ を、少し求めておきましょう。

| 問 | $h = 1$，2，3，4，5 のときの $a(n)$ を求めましょう。 |

$h = 1$ のとき、$n = \dfrac{1 \cdot (3-1)}{2} = 1$、$1 + 1 = 2$

$$\boxed{a(1) = a(2) = -1}$$

$h = 2$ のとき、$n = \dfrac{2 \cdot (6-1)}{2} = 5$、$5 + 2 = 7$

$$\boxed{a(5) = a(7) = 1}$$

$h = 3$ のとき、$n = \dfrac{3 \cdot (9-1)}{2} = 12$、 $12 + 3 = 15$

$$a(12) = a(15) = -1$$

$h = 4$ のとき、$n = \dfrac{4 \cdot (12-1)}{2} = 22$、 $22 + 4 = 26$

$$a(22) = a(26) = 1$$

$h = 5$ のとき、$n = \dfrac{5 \cdot (15-1)}{2} = 35$、 $35 + 5 = 40$

$$a(35) = a(40) = -1$$

 表にまとめてみたわ。一番下の欄は、とりあえず空欄よ。

n	1	2	3	4	5	6	7	8	9	10	11	12	13
$a(n)$	-1	-1	0	0	1	0	1	0	0	0	0	-1	0

$$\Phi(x) = 1 - x^1 - x^2 + x^5 + x^7 - x^{12} - x^{15}$$
$$+ x^{22} + x^{26} - x^{35} - x^{40} + \cdots\cdots$$

さてオイラーは、この級数からどうやって分割数を求めたのでしょうか。次節で見ていくことにしましょう。

分割数を求めるのは、「たし算」の難問だったのだなぁ。

 その難問を解くカギが「オイラーの5角数定理」なのね。

 そのカギをどう使うと、分割数 $p(n)$ が出るのかねぇ。

n	1	2	3	4	5	6	7	8
$p(n)$	1	2	3	5	7	11	15	22

n	9	10	11	12	13	14	15	16
$p(n)$	30	42	56	77	101	135	176	231

 早く知りたいなら、p71 を先に見るのもお勧めだよ。

4節 「約数の和」を「分割数」から求める

▶約数の和の（平凡な）求め方

「4平方定理」は「奇約数の和」と不思議な関係がありましたね。

今回の「分割数」と不思議な関係があるのは、じつは（偶約数も含めた）「約数の和」です。

約数の和というと、「和」から「たし算」と思いますよね。でも、肝心なのは「約数」の方です。約数は、「かけ算」である素因数分解が元になっているのです。

「360」を例にとって、その（正の）約数の和を見てみましょう。

 青い道は「$2^2 \times 1 \times 5 = 20$」で、約数 20 に対応したのよね。

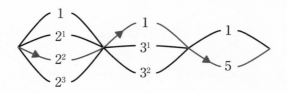

（前章では）360 の（正の）約数の個数は $4 \times 3 \times 2 = 24$ 個と、素因数分解からすぐに分かるという話でしたね。

$$360 = 2^3 \times 3^2 \times 5^1$$
$$\longrightarrow \quad (3+1) \times (2+1) \times (1+1) = 24$$

じつは 360 の（正の）約数の和も、次を計算すればすぐに分かるのです。

$$360 = 2^3 \times 3^2 \times 5^1$$
$$\longrightarrow \quad (1 + 2 + 2^2 + 2^3) \times (1 + 3 + 3^2) \times (1 + 5^1)$$

これを展開すると、360 の（正の）約数が続々と出てきて、それらの和になってくるのです。

たとえば p63 の青い道の約数「$2^2 \times 1 \times 5 = 20$」は、展開すると次のように出てきます。

$$(1 + 2 + \boxed{2^2} + 2^3) \times (\boxed{1} + 3 + 3^2) \times (1 + \boxed{5})$$
$$= 1 \cdot 1 \cdot 1 + 1 \cdot 1 \cdot 5 + \cdots + \boxed{2^2 \cdot 1 \cdot 5} + \cdots + 2^3 \cdot 3^2 \cdot 5$$

n の（正の）約数の和は $\sigma(n)$ と記され、約数関数と呼ばれています。

360 の（正の）約数の和 $\sigma(360)$ は、次のように求まります。（途中で、等比数列の和の公式を用いています。）

$$\sigma(360) = \sigma(2^3 \cdot 3^2 \cdot 5^1)$$

$$= (1 + 2 + 2^2 + 2^3) \times (1 + 3 + 3^2) \times (1 + 5^1)$$

$$= \frac{2^4 - 1}{2 - 1} \times \frac{3^3 - 1}{3 - 1} \times \frac{5^2 - 1}{5 - 1}$$

$$= 15 \times 13 \times 6$$

$$= 1170$$

ちなみに、$\sigma(2^3) = \dfrac{2^4 - 1}{2 - 1}$、$\sigma(3^2) = \dfrac{3^3 - 1}{3 - 1}$、$\sigma(5^1) = \dfrac{5^2 - 1}{5 - 1}$ です。

つまり、$\sigma(360) = \sigma(2^3 \cdot 3^2 \cdot 5^1) = \sigma(2^3)\sigma(3^2)\sigma(5^1)$ です。

一般に、次が成り立ちます。

m と n が互いに素のとき
$$\sigma(mn) = \sigma(m)\sigma(n)$$

ここで「m と n が互いに素」というのは、m と n が 1 以外の共通の（正の）約数（公約数）をもたないことです。

「4 と 6」は公約数 2 をもつから、互いに素でないわ。

「8 と 9」は互いに素だよ。（正の）公約数は 1 だけだから。

$\sigma(n)$ を導入したのは、じつはオイラーです。オイラーは、次のような関数も導入しました。

$\varphi(n)$ ‥‥‥ n と互いに素な（n 以下の）正の整数の**個数**

$d(n)$ ‥‥‥ n の（正の）約数の**個数**

$\sigma(n)$ ‥‥‥ n の（正の）約数の**和**

この $\varphi(n)$ もオイラーの関数と呼ばれています。オイラーの関数というときは、むしろこちらを指すことの方が一般的です。

 12 と互いに素な（12 以下の）正の整数は‥‥‥、
「1、5、7、11」の 4 個だから、$\varphi(12) = 4$ ね。

 じつは m と n が互いに素のとき $\varphi(mn) = \varphi(m)\varphi(n)$ なのさ。 $\varphi(12) = \varphi(3 \times 4) = \varphi(3)\varphi(4) = 2 \times 2 = 4$ だよ。

問 次を求めましょう。

(1) $\sigma(14)$ ， $\sigma(15)$ ， $\sigma(23)$

(2) $\sigma(20)$ ， $\sigma(26)$ ， $\sigma(41)$

(1) $\sigma(14) = \sigma(2 \cdot 7) = \sigma(2)\sigma(7) = (1 + 2) \cdot (1 + 7) = 24$

$\sigma(15) = \sigma(3 \cdot 5) = \sigma(3)\sigma(5) = (1 + 3) \cdot (1 + 5) = 24$

$\sigma(23) = 23 + 1 = 24$

(2)　$\sigma(20) = \sigma(2^2 \cdot 5) = \sigma(2^2)\sigma(5) = \left(\dfrac{2^3 - 1}{2 - 1}\right) \cdot (1 + 5) = 42$

　　　$\sigma(26) = \sigma(2 \cdot 13) = \sigma(2)\sigma(13) = (1 + 2) \cdot (1 + 13) = 42$

　　　$\sigma(41) = 41 + 1 = 42$

　見てきたように、n が異なっていても $\sigma(n)$ は同一ということもありますね。$\sigma(n)$ から n を特定することはできないのです。

▶約数の和の（不思議な）求め方

　先ほどは素因数分解をして、「約数の和」を求めてみました。

　そもそも約数とは、割り切る数です。どんどん素数で割っていって、逆にそれらを「かけ算」で表したものが素因数分解です。

「約数」ときたら、まずは「割り算」して素因数分解ね。

「約数」と無関係に、「約数の和」が出るはずはないさ。

　そんな常識をくつがえしたのが、何と日本の（当時は）高校生です。もっとも世界中のどこかで、他の高校生も発見している可能性はありますが……。

高校生によると「約数の和」が、約数と全く無関係な「分割数」から出てくるというのです。（次の式は、参考文献**1**とは、表現を（記号等を含めて）多少変えています。）

$\sigma(n)$ を「$a(k)$ と $p(k)$」で表す

$$\sigma(n) = \sum_{k=1}^{n} -ka(k)p(n-k) \qquad (p(0)=1)$$

$$= -1a(1)p(n-1) - 2a(2)p(n-2) - \cdots\cdots$$

$$\cdots\cdots\cdots - (n-1)a(n-1)p(1) - na(n)p(0)$$

　「約数の和」$\sigma(n)$ が、「分割数」$p(k)$ と「オイラー関数の係数」$a(k)$ で表されていますね。

　ここで「分割数」$p(k)$ は、「たし算」に関する数です。「オイラー関数の係数」$a(k)$ は、（簡単な式から出てくる数で）「-1、0、1」のいずれかです。n が何で割り切れようと、そんなことは $a(k)$ には関係ありません。

　この式についても後に回すことにして、（信じられない方も多いでしょうから）少し計算してみることにしましょう。

問 　「上式」と「素因数分解」の2通りで、次を求めましょう。
　　　　　$\sigma(4)$, $\sigma(5)$, $\sigma(6)$, $\sigma(7)$

分割数 $p(n)$ は（後で求めますが）次の通りです。

n	1	2	3	4	5	6	7	8	9
$p(n)$	1	2	3	5	7	11	15	22	30

（$a(7)$ まででは）<u>$a(1) = a(2) = -1$、$a(5) = a(7) = 1$</u> の他は $a(n) = 0$ です。$a(n) = 0$ の項は最初から消しています。

$$\sigma(4) = -1a(\mathbf{1})p(3) - 2a(\mathbf{2})p(2)$$
$$= 1 \cdot 3 + 2 \cdot 2 = 7$$
$$\sigma(4) = \sigma(2^2) = \frac{2^3 - 1}{2 - 1} = 7$$

$\boxed{\sigma(4) = 7}$

$$\sigma(5) = -1a(\mathbf{1})p(4) - 2a(\mathbf{2})p(3) - 5a(\mathbf{5})p(0)$$
$$= 1 \cdot 5 + 2 \cdot 3 + (-5) \cdot 1 = 6$$
$$\sigma(5) = \sigma(5^1) = \frac{5^2 - 1}{5 - 1} = 6$$

$\boxed{\sigma(5) = 6}$

$$\sigma(6) = -1a(\mathbf{1})p(5) - 2a(\mathbf{2})p(4) - 5a(\mathbf{5})p(1)$$
$$= 1 \cdot 7 + 2 \cdot 5 + (-5) \cdot 1 = 12$$
$$\sigma(6) = \sigma(2^1 3^1) = \frac{2^2 - 1}{2 - 1} \cdot \frac{3^2 - 1}{3 - 1} = 12$$

$\boxed{\sigma(6) = 12}$

$$\sigma(7) = -1a(\mathbf{1})p(6) - 2a(\mathbf{2})p(5) - 5a(\mathbf{5})p(2) - 7a(\mathbf{7})p(0)$$
$$= 1 \cdot 11 + 2 \cdot 7 + (-5) \cdot 2 + (-7) \cdot 1 = 8$$

$$\sigma(7) = \sigma(7^1) = \frac{7^2 - 1}{7 - 1} = 8$$

$\boxed{\sigma(7) = 8}$

n	1	2	3	4	5	6	7	8	9	10	11	12	13
$a(n)$	-1	-1	0	0	1	0	1	0	0	0	0	-1	0
$\sigma(n)$	1	3	4	7	6	12	8	15	13	18	12	28	14

 素数を見つけるには、$\sigma(n) = n + 1$ となる n に着目ね。

 たし算の分割数から、かけ算の「数の素」が見つかるのか！

素数の見つけ方

分割数を用いて $\sigma(n)$ を求めたとき

p が素数である $\longleftrightarrow$ $\sigma(p) = p + 1$

 RSA 暗号で用いる $n = pq$ のように、もし n が 2 つの素数 p、q の積なら、$\sigma(n)$ が求まれば、p、q が判明するよ。$\sigma(n) = 1 + p + q + pq$ から $p + q$ を出し、2 次方程式 $x^2 - (p + q)x + pq = 0$ を解くのさ。$\underline{\sigma(n) \text{ は重要なんだ！}}$

 もし $91 = pq$ なら、何らかの方法で $\sigma(91) = 112$ と求め、$112 - (1 + 91) = 20$ から $x^2 - 20x + 91 = 0$ を解くと、$x = 10 \pm \sqrt{100 - 91} = 10 \pm 3 = 7$、13 と出て、$p$、$q = 7$、13 と判明するわ。$\underline{\text{割り算しないで}}$、$91 = 7 \times 13$ と出るのよ。

▶分割数を求めよう

いよいよ分割数 $p(n)$ を求めていきましょう。

n	1	2	3	4	5	6	7	8	9
$p(n)$	1	2	3	5	7	11	15	22	30

 分割数 $p(n)$ を求めるのに、まともに分割してみる（「たし算」に直してみる）のはゴメンだわぁ～。

 オイラーは、どうやって $p(n)$ を求めたのかな。

まず「n の分割数」$p(n)$ は、次の「x^n の係数」でしたね。

$$\frac{1}{\Phi(x)} = \sum_{n=0}^{\infty} p(n) x^n \qquad \left(p(0) = 1 \right)$$

これに対して、次が「オイラーの 5 角数定理」です。

オイラーの 5 角数定理

$$\Phi(x) = \sum_{n=0}^{\infty} a(n) x^n \qquad (a(n) \text{ は p60})$$

ここで上の 2 つの式をかけると、1 になることに着目です。

$$(a(0) = 1, \quad p(0) = 1)$$

$$\left(\sum_{n=0}^{\infty} a(n) x^n \right) \left(\sum_{n=0}^{\infty} p(n) x^n \right) = 1$$
$$= 1 + 0x + 0x^2 + \cdots\cdots$$

まずは確認です。

左辺の定数項は、$a(0)x^0 = 1$、$p(0)x^0 = 1$　$(x^0 = 1)$ から 1 となり、確かに右辺の 1 と一致しています。

いよいよここから先は、（左辺の）「x^n の係数は 0」を利用して $p(n)$ を求めていきます。（$a(n)$ は p 60、$a(0) = 1$）

この先（見やすさのために）、それぞれ 1 行目に、左辺を再掲しています。

$\boxed{x^1 \text{ の係数}}$

$$(1 + a(1)x^1 + a(2)x^2 + \cdots)(p(0) + p(1)x^1 + p(2)x^2 + \cdots)$$
$$p(1) + a(1)p(0) = 0$$
$$\boxed{p(1) = -a(1)p(0)}$$
$$= 1 \cdot 1 = 1$$

$\boxed{x^2 \text{ の係数}}$

$$(1 + a(1)x^1 + a(2)x^2 + \cdots)(p(0) + p(1)x^1 + p(2)x^2 + \cdots)$$

$$p(2) + a(1)p(1) + a(2)p(0) = 0$$

$$\boxed{p(2) = -a(1)p(1) - a(2)p(0)}$$

$$= 1 \cdot 1 + 1 \cdot 1 = 2$$

$\boxed{x^3 \text{ の係数}}$

$$(1 + a(1)x^1 + a(2)x^2 + a(3)x^3 + \cdots)$$

$$\times (p(0) + p(1)x^1 + p(2)x^2 + p(3)x^3 + \cdots)$$

$$p(3) + a(1)p(2) + a(2)p(1) + a(3)p(0) = 0$$

$$\boxed{p(3) = -a(1)p(2) - a(2)p(1) - a(3)p(0)}$$

$$= 1 \cdot 2 + 1 \cdot 1 = 3$$

$\boxed{x^4 \text{ の係数}}$

$$(1 + a(1)x^1 + a(2)x^2 + a(3)x^3 + a(4)x^4 + \cdots)$$

$$\times (p(0) + p(1)x^1 + p(2)x^2 + p(3)x^3 + p(4)x^4 + \cdots)$$

$$p(4) + a(1)p(3) + a(2)p(2) + a(3)p(1) + a(4)p(0) = 0$$

$$\boxed{p(4) = -a(1)p(3) - a(2)p(2) - a(3)p(1) - a(4)p(0)}$$

$$= 1 \cdot 3 + 1 \cdot 2 = 5$$

以下同様にして、次が出てきます。

$$p(n) + a(1)p(n-1) + \cdots + a(n-1)p(1) + a(n)p(0) = 0$$

これより $p(n)$ は、次のようになります。

$p(n)$ の漸化式

$$p(n) = -a(1)p(n-1) - \cdots - a(n-1)p(1) - a(n)p(0)$$
$$= \sum_{k=1}^{n} -a(k)p(n-k)$$

 $p(n)$ は、$p(1)$、$p(2)$、$p(3)$、…と順に出てくるのね。

 $a(k)$ は「オイラー関数の係数」で「-1、0、1」だよね。

それでは少し練習してみましょう。すでに次は求めました。

$p(1)=1$，$p(2)=2$，$p(3)=3$，$p(4)=5$　（p72，73）

$p(5)=7$，$p(6)=11$　（p53，54）

問	次を求めましょう。
	$p(7)$　，　$p(8)$　，　$p(9)$　，　$p(10)$

（$a(10)$ までででは）<u>$a(1)=a(2)=-1$、$a(5)=a(7)=1$</u> の他は $a(n)=0$
です。$a(n)=0$ の項は最初から消しています。

$$p(7) = -a(1)p(6) - a(2)p(5) - a(5)p(2) - a(7)p(0)$$
$$= 1 \cdot 11 + 1 \cdot 7 + (-1)2 + (-1)1 = \boxed{15}$$

$$p(8) = -a(1)p(7) - a(2)p(6) - a(5)p(3) - a(7)p(1)$$
$$= 1 \cdot 15 + 1 \cdot 11 + (-1)3 + (-1)1 = \boxed{22}$$

$$p(9) = -a(1)p(8) - a(2)p(7) - a(5)p(4) - a(7)p(2)$$
$$= 1 \cdot 22 + 1 \cdot 15 + (-1)5 + (-1)2 = \boxed{30}$$

$$p(10) = -a(1)p(9) - a(2)p(8) - a(5)p(5) - a(7)p(3)$$
$$= 1 \cdot 30 + 1 \cdot 22 + (-1)7 + (-1)3 = \boxed{42}$$

▶ （元祖）約数の和の（不思議な）求め方

$p(n)$ は、n より小さい $p(k)$ から出てきましたね。

今回は $\sigma(n)$ を、n より小さい $\sigma(k)$ から出してみましょう。

これから見ていく結果は、オイラーが『約数の和に関する数の最も並外れた法則の発見』というタイトルで、1751 年に覚え書きとして公表しました。もちろん約数の和が「'自分自身'＋1」なら、それは素数です。オイラーは、この（不思議な）方法で素数を見つけ出し、素数がどう分布しているのかを探っていたようです。（参考文献 **6** p59）

数学の王者ガウスが、膨大な数の素数を見つけ出し、その分布

を（正しく）予想していたことは有名な話です。少しでも時間が
あると、素数を見つけるべく計算していたというのです。話題に
はなりませんが、どんな計算をしていたのか気になりますよね。

それではいよいよ、（元祖オイラーによる）素数の不思議な見
つけ方の始まり始まりです。

まず、オイラー関数 $\Phi(x)$ は次の通りです。

$$\boxed{\Phi(x) = (1-x)(1-x^2)(1-x^3)\cdots\cdots \qquad (|x|<1)}$$

ここで対数をとり、さらに微分します。（対数微分です。）

$$\log \Phi(x) = \log(1-x) + \log(1-x^2) + \log(1-x^3) + \cdots\cdots$$

$$\frac{\Phi'(x)}{\Phi(x)} = \frac{-1}{1-x} + \frac{-2x}{1-x^2} + \frac{-3x^2}{1-x^3} + \cdots\cdots$$

$$-\frac{x\,\Phi'(x)}{\Phi(x)} = \frac{x}{1-x} + \frac{2x^2}{1-x^2} + \frac{3x^3}{1-x^3} + \cdots\cdots$$

ここで右辺の $\dfrac{x}{1-x} + \dfrac{2x^2}{1-x^2} + \dfrac{3x^3}{1-x^3} + \cdots\cdots$ の各項 $\dfrac{x}{1-x}$、

$\dfrac{2x^2}{1-x^2}$、$\dfrac{3x^3}{1-x^3}$、……を、次を用いてべき級数に展開します。

$$\frac{1}{1-x^k} = 1 + x^k + x^{2k} + x^{3k} + x^{4k} + x^{5k} + \cdots\cdots \qquad (|x|<1)$$

　2章　「分割数」と「約数の和」の不思議な関係

$$\frac{x}{1-x} = x + x^2 + x^3 + x^4 + x^5 + x^6 + \cdots\cdots$$

$$\frac{2x^2}{1-x^2} = 2x^2 \quad + 2x^4 \quad + 2x^6 + \cdots\cdots$$

$$\frac{3x^3}{1-x^3} = 3x^3 \quad + 3x^6 + \cdots\cdots$$

$$\frac{4x^4}{1-x^4} = 4x^4 \quad + \cdots\cdots$$

$$\frac{5x^5}{1-x^5} = 5x^5 \quad + \cdots\cdots$$

$$\frac{6x^6}{1-x^6} = 6x^6 + \cdots\cdots$$

すると先ほどの式は、次のようになってきます。

$$-\frac{x\,\Phi'(x)}{\Phi(x)} = \sigma(1)\,x + \sigma(2)\,x^2 + \sigma(3)\,x^3 + \sigma(4)\,x^4$$
$$+ \sigma(5)\,x^5 + \sigma(6)\,x^6 + \cdots\cdots$$

ここで、右辺を $F(x)$ とおきます。

$$\boxed{F(x) = \sigma(1)x + \sigma(2)x^2 + \sigma(3)x^3 + \cdots\cdots}$$

すると次の通りです。

$$-\frac{x\,\Phi'(x)}{\Phi(x)} = F(x)$$

$$\Phi(x)\cdot F(x) = -x\Phi'(x)$$

　上の式は、次章から何回も用いるので、ぜひ記憶に留めておいてください。

　ここでいよいよ「オイラーの5角数定理」です。定理によると、$\Phi(x)$ は次のように表されたのです。（$a(n)$ は p60）

$$\Phi(x) = a(0) + a(1)x^1 + a(2)x^2 + a(3)x^3 + \cdots\cdots$$

ここで $-x\Phi'(x)$ を求めておきます。

$$\Phi'(x) = \quad a(1) \quad + 2a(2)x^1 + 3a(3)x^2 + \cdots\cdots$$
$$-x\Phi'(x) = -a(1)x^1 - 2a(2)x^2 - 3a(3)x^3 - \cdots\cdots$$

すると先ほどの　$\Phi(x)\cdot F(x) = -x\Phi'(x)$　は、次の通りです。

$$(1 + a(1)x^1 + a(2)x^2 + \cdots)(\sigma(1)x + \sigma(2)x^2 + \sigma(3)x^3 + \cdots)$$
$$= -a(1)x^1 - 2a(2)x^2 - 3a(3)x^3 - \cdots\cdots \qquad (a(0) = 1)$$

ここから先は、両辺の「x^n の係数」が等しいことを利用して、$\sigma(n)$ を求めていきます。($a(n)$ は p60)

$\boxed{x^1 \text{ の係数}}$

$$\boxed{\sigma(1) = -a(1)}$$
$$= -(-1) = 1$$

$\boxed{x^2 \text{ の係数}}$

$$\sigma(2) + a(1)\sigma(1) = -2a(2)$$
$$\boxed{\sigma(2) = -2a(2) - a(1)\sigma(1)}$$
$$= (-2)(-1) + 1 \cdot 1 = 3$$

$\boxed{x^3 \text{ の係数}}$

$$\sigma(3) + a(1)\sigma(2) + a(2)\sigma(1) = -3a(3)$$
$$\boxed{\sigma(3) = -3a(3) - a(1)\sigma(2) - a(2)\sigma(1)}$$
$$= 1 \cdot 3 + 1 \cdot 1 = 4$$

$\boxed{x^4 \text{ の係数}}$

$$\sigma(4) + a(1)\sigma(3) + a(2)\sigma(2) + a(3)\sigma(1) = -4a(4)$$
$$\boxed{\sigma(4) = -4a(4) - a(1)\sigma(3) - a(2)\sigma(2) - a(3)\sigma(1)}$$
$$= 1 \cdot 4 + 1 \cdot 3 = 7$$

以下同様にして、$\sigma(n)$ は n より小さい $\sigma(k)$ から、次のように求まります。

$\sigma(n)$ の「オイラーの漸化式」

$$\sigma(n) = -\boldsymbol{na(n)} - a(1)\sigma(n-1) - \cdots - a(n-1)\sigma(1)$$
$$= -\boldsymbol{na(n)} + \sum_{k=1}^{n-1} -a(k)\sigma(n-k)$$

　すでに $\sigma(1) = 1$、$\sigma(2) = 3$、$\sigma(3) = 4$、$\sigma(4) = 7$ まで求めました。それでは続きを計算してみましょう。

問　「オイラーの漸化式」を用いて、次を求めましょう。
$$\sigma(5) \quad , \quad \sigma(6) \quad , \quad \sigma(7)$$

　($a(7)$ まででは) $\underline{a(1) = a(2) = -1}$、$\underline{a(5) = a(7) = 1}$ の他は 0 です。
$a(n) = 0$ の項は $na(n)$ の他は消しています。

$$\sigma(5) = -5a(5) - a(1)\sigma(4) - a(2)\sigma(3)$$
$$= (-5)1 + 1 \cdot 7 + 1 \cdot 4 = \boxed{6}$$
$$\sigma(6) = -6a(6) - a(1)\sigma(5) - a(2)\sigma(4) - a(5)\sigma(1)$$
$$= 1 \cdot 6 + 1 \cdot 7 + (-1) \cdot 1 = \boxed{12}$$
$$\sigma(7) = -7a(7) - a(1)\sigma(6) - a(2)\sigma(5) - a(5)\sigma(2)$$
$$= (-7) \cdot 1 + 1 \cdot 12 + 1 \cdot 6 + (-1) \cdot 3 = \boxed{8}$$

約数を求めないで、その和が出るなんてビックリよねぇ。

 「約数の和」は、先に「約数」を出すものと信じていたが。

n	1	2	3	4	5	6	7	8	9	10	11	12	13
$a(n)$	-1	-1	0	0	1	0	1	0	0	0	0	-1	0
$\sigma(n)$	1	3	4	7	6	12	8	15	13	18	12	28	14

 素数を見つけるには、$\sigma(n)=n+1$ となる n に着目ね。

 漸化式で $\sigma(n)$ を出していけば、素数が見つかるのか！

（オイラーの）素数の見つけ方

「オイラーの漸化式」を用いて $\sigma(n)$ を求めていったとき

p が素数である $\iff$ $\sigma(p)=p+1$

▶ $G(n)$ を「$a(k)$ と $p(k)$」で表す

　いよいよ（当時は）高校生の発見した式、つまり $\sigma(n)$ を「$a(k)$ と $p(k)$」で表す式を導いていきましょう。（参考文献 **1** 参照）

長々とした計算が続くので、p86 まで飛ばすのもいいな。

p69 で計算してみて、とても偶然の一致とは思えないから、わたしは信じて飛ばすことにするわね。

　この先の流れですが、（高校生のように）いきなり $\sigma(n)$ を出すのはハードルが高いと思われます。ここではワンクッション置いて $G(n) = \sigma(n) - p(n)$ とし、先に $G(n)$ を見ていくことにしましょう。

　その $G(n) = \sigma(n) - p(n)$ の（p74 の）$p(n)$ ですが、次のようにあらかじめ $-a(n)$ を頭に出しておきます。ただし p83 では、（都合により）再び後ろに戻します。（$p(0) = 1$）

$$p(n) = -a(1)p(n-1) - \cdots - a(n-1)p(1) - a(n)p(0)$$
$$= -a(n) - a(1)p(n-1) - \cdots - a(n-1)p(1)$$

すると、次のようになってきます。

$$\sigma(n) = \qquad -na(n) - a(1)\,\sigma(n-1) - \cdots - a(n-1)\,\sigma(1)$$
$$\underline{-)p(n) = \qquad -a(n) - a(1)\,p(n-1) - \cdots - a(n-1)\,p(1)}$$
$$G(n) = -(n-1)a(n) - a(1)G(n-1) - \cdots - a(n-1)G(1)$$

$G(n) = \sigma(n) - p(n)$ としたとき、

$$G(n) = -(n-1)a(n) - a(1)G(n-1) - \cdots - a(n-1)G(1)$$

$G(n)$ をこの漸化式で順に求めていくと、次のようになります。

n	1	2	3	4	5	6	7	8	9	10
$G(n)$	0	1	1	2	-1	1	-7	-7	-17	-24

それでは、G(n) を「a(k) と p(k)」で表す式を探っていきましょう。

まず $G(1)$ は、直接求めます。

$G(1) = \sigma(1) - \mathrm{p}(1) = \boxed{0}$

次からは順に求めていきます。このとき（途中で）用いるのが次の式です。先ほどの $p(n)$ での $-a(n)$ を後ろに戻し、さらに両辺に (-1) をかけて、左辺と右辺を入れかえています。

$$-p(n) = a(1)p(n-1) + \cdots + a(n-1)p(1) + a(n)$$

$$\{a(1)p(n-1) + \cdots + a(n-1)p(1) + a(n)\} = -p(n)$$

それでは、順に見ていきます。

$$G(2) = -a(2) - a(1)\cancel{G(1)} = \boxed{-1a(2)\boldsymbol{p(0)}}$$

$$G(3) = -2a(3) - a(1)G(2) - a(2)\cancel{G(1)}$$
$$= -2a(3) + a(1)\boldsymbol{a(2)}$$
$$= \boxed{-2a(3)\boldsymbol{p(0)} - 1a(2)\boldsymbol{p(1)}} \qquad (a(1) = -p(1))$$

$$G(4) = -3a(4) - a(1)G(3) - a(2)G(2) - a(3)\cancel{G(1)}$$
$$= -3a(4) + a(1)\{2a(3) + a(2)p(1)\} + a(2)\{a(2)\}$$
$$= -3a(4) + 2a(3)\boldsymbol{a(1)} + a(2)\{\boldsymbol{a(1)p(1) + a(2)}\}$$
$$= \boxed{-3a(4)\boldsymbol{p(0)} - 2a(3)\boldsymbol{p(1)} - 1a(2)\boldsymbol{p(2)}}$$

$$G(5) = -4a(5) - a(1)G(4) - a(2)G(3) - a(3)G(2) - a(4)\cancel{G(1)}$$
$$= -4a(5) + a(1)\{3a(4) + 2a(3)p(1) + a(2)p(2)\}$$
$$\quad + a(2)\{2a(3) + a(2)p(1)\} + a(3)\{a(2)\}$$
$$= -4a(5) + 3a(4)\boldsymbol{a(1)} + 2\mathrm{a}(3)\{\boldsymbol{a(1)p(1) + a(2)}\}$$
$$\quad + a(2)\{\boldsymbol{a(1)p(2) + a(2)p(1) + a(3)}\}$$
$$= \boxed{-4a(5)\boldsymbol{p(0)} - 3a(4)\boldsymbol{p(1)} - 2a(3)\boldsymbol{p(2)} - 1a(2)\boldsymbol{p(3)}}$$

以下同様にして、$G(n)$ は次のようになります。

$$G(n) = -(n-1)a(n)p(0) - (n-2)a(n-1)p(1)$$
$$\quad - (n-3)a(n-2)p(2) - \cdots\cdots - 1a(2)p(n-2)$$

逆に並べかえると、次の通りです。　　$(p(0) = 1)$

$G(n)$ を「$a(k)$ と $p(k)$」で表す

$$G(n) = -1a(2)p(n-2) - 2a(3)p(n-3) - \cdots$$

$$\cdots - (n-2)a(n-1)p(1) - (n-1)a(n)p(0)$$

$$= \sum_{k=1}^{n-1} -ka(1+k)p(n-1-k)$$

▶ $\sigma(n)$ を「$a(k)$ と $p(k)$」で表す

いよいよ $\underline{\sigma(n)}$ を「$a(k)$ と $p(k)$」で表していきましょう。

$G(n) = \sigma(n) - p(n)$ としたので、$\sigma(n) = G(n) + p(n)$ とたし合わせるだけです。（$p(n)$ の漸化式は p74 参照）

$$\sigma(1) = \cancel{G(1)} + p(1) = \boxed{-1a(1)p(0)}$$

$$\sigma(2) = G(2) + p(2) = \qquad\qquad -1a(2)p(0)$$
$$-a(1)p(1) \quad -a(2)p(0)$$
$$= \boxed{-1a(1)p(1) - 2a(2)p(0)}$$

$$\sigma(3) = G(3) + p(3) = \qquad\qquad -1a(2)p(1) - 2a(3)p(0)$$
$$-a(1)p(2) \quad -a(2)p(1) \quad -a(3)p(0)$$
$$= \boxed{-1a(1)p(2) - 2a(2)p(1) - 3a(3)p(0)}$$

$$\sigma(4) = G(4) + p(4)$$
$$= \qquad\qquad -1a(2)p(2) - 2a(3)p(1) - 3a(4)p(0)$$
$$-a(1)p(3) \quad -a(2)p(2) \quad -a(3)p(1) \quad -a(4)p(0)$$
$$= \boxed{-1a(1)p(3) - 2a(2)p(2) - 3a(3)p(1) - 4a(4)p(0)}$$

以下同様にして、$\sigma(n)$ は（次の）p68 の通りになります。

$\sigma(n)$ を「$a(k)$ と $p(k)$」で表す

$$\sigma(n) = -1a(1)p(n-1) - 2a(2)p(n-2) - \cdots\cdots$$
$$\cdots\cdots - (n-1)a(n-1)p(1) - na(n)p(0)$$

$$= \sum_{k=1}^{n} -ka(k)p(n-k) \qquad (p(0) = 1)$$

 「約数の和」は、「分割数」から出てくるってことだね。

 逆はどうかしら。「分割数」が「約数の和」から出るかも。

5節 「分割数」を「約数の和」から求める

▶ $G(n)$ を「$a(k)$ と $\sigma(k)$」で表す

分割数 $p(n)$ は、次から求まってくる数です。($p(0)=1$)

$$p(n) = -a(1)p(n-1) - \cdots - a(n-1)p(1) - \boldsymbol{a(n)p(0)}$$

約数の和 $\sigma(n)$ は、次から求まってくる数です。($\sigma(1)=1$)

$$\sigma(n) = -\boldsymbol{na(n)} - a(1)\sigma(n-1) - \cdots - a(n-1)\sigma(1)$$

 何だか似たような漸化式だなぁ。出自は全く別々なのに。

 「分割数」はたし算で、「約数」はかけ算・割り算よねぇ。

$\sigma(n)$ を「$a(k)$ と $p(k)$」で表すことは、日本の(当時は)高校生がやりとげました。

せっかくですので、ここでは $p(n)$ を「$a(k)$ と $\sigma(k)$」で表す方もやってみましょう。ほとんど同様にして出てくるので、世界中のどこかで、高校生も見つけている可能性はありますが……。

 p94 の結果だけ見て、コラムⅡに進むのもお勧めだよ。

 結論は、「分割数」が「約数の和」から出てくるのよね。

ここでも、p83 の $G(n) = \sigma(n) - p(n)$ の漸化式を再利用します。今度は、$G(n)$ を「$a(k)$ と $\sigma(k)$」で表しておくのです。

このとき $\sigma(n)$ の式は、（$na(n)$ を移項して、両辺から $a(n)$ を引いて、左辺と右辺を移項した）下の囲みの形にして用います。

$$\sigma(n) = -na(n) - a(1)\sigma(n-1) - \cdots - a(n-1)\sigma(1)$$

$$\sigma(n) + na(n) = -a(1)\sigma(n-1) - \cdots - a(n-1)\sigma(1)$$

$$\sigma(n) + na(n) - a(n)$$
$$= -a(1)\sigma(n-1) - \cdots - a(n-1) - a(n)$$

$$\sigma(n) + (n-1)a(n)$$
$$= -a(1)\sigma(n-1) - \cdots - a(n-1)\sigma(1) - a(n)$$

$$\{a(1)\sigma(n-1) + \cdots + a(n-1)\sigma(1) + a(n)\}$$
$$= -\{\sigma(n) + (n-1)a(n)\}$$

$$G(1) = \sigma(1) - p(1) = \boxed{0}$$

$$G(2) = -a(2) - a(1)\cancel{G(1)} = \boxed{-1a(2)}$$

$$G(3) = -2a(3) - a(1)G(2) - a(2)\cancel{G(1)}$$
$$= -2a(3) + \boldsymbol{a(1)}a(2)$$
$$= \boxed{-2a(3) - 1a(2)\sigma(1)} \qquad (a(1) = -\sigma(1))$$

$$G(4) = -3a(4) - a(1)G(3) - a(2)G(2) - a(3)G(1)$$

$$= -3a(4) + a(1)\{2a(3) + a(2)\sigma(1)\} + a(2)\{a(2)\}$$

$$= -3a(4) + 2a(3)\boldsymbol{a(1)} + a(2)\{\boldsymbol{a(1)}\sigma(1) + \boldsymbol{a(2)}\}$$

$$= -3a(4) - 2a(3)\sigma(1) - a(2)\{\boldsymbol{\sigma(2)} + \boldsymbol{1a(2)}\}$$

$$= -3a(4) - 2a(3)\sigma(1) - a(2)\sigma(2) - a(2)a(2)$$

$$= \boxed{-3a(4) - 2a(3)\sigma(1) - 1a(2)\sigma(2) + R(4)}$$

ここで、$R(4) = -a(2)a(2)(=-1)$ とします。

さらに $R(1) = R(2) = R(3) = 0$ とし、$R(4)$ も（先々の都合により）$R(4) = -a(2)a(2) - a(1)R(3) - a(2)R(2)$ とします。

これまでのところ、次の通りです。

$$G(1) = -0 + R(1) \qquad\qquad (R(1) = 0)$$

$$G(2) = -1a(2) + R(2) \qquad\qquad (R(2) = 0)$$

$$G(3) = -2a(3) - 1a(2)\sigma(1) + R(3) \qquad\qquad (R(3) = 0)$$

$$G(4) = -3a(4) - 2a(3)\sigma(1) - 1a(2)\sigma(2) + R(4)$$

ここで $\underline{R(4)}$ は（先ほど見たように）次の通りです。<u>オイラー関数の係数 $a(k)$ だけから出てくる</u>ことに注目です。

$$R(4) = -a(2)a(2) - a(1)R(3) - a(2)R(2)$$

引き続き、$G(5)$ を見てみましょう。

$$G(5) = -4a(5) - a(1)G(4) - a(2)G(3) - a(3)G(2) - a(4)G(1)$$

$$= -4a(5)$$
$$+ a(1)\{3a(4) + 2a(3)\sigma(1) + a(2)\sigma(2) - R(4)\}$$
$$+ a(2)\{2a(3) + a(2)\sigma(1) - R(3)\}$$
$$+ a(3)\{a(2) - R(2)\}$$

$$= -4a(5) + 3a(4)\{\boldsymbol{a(1)}\}$$
$$+ 2a(3)\{\boldsymbol{a(1)\sigma(1) + a(2)}\}$$
$$+ a(2)\{\boldsymbol{a(1)\sigma(2) + a(2)\sigma(1) + a(3)}\}$$
$$- a(1)R(4) - a(2)R(3) - a(3)R(2)$$

$$= -4a(5) - 3a(4)\sigma(1)$$
$$- 2a(3)\{\boldsymbol{\sigma(2) + 1a(2)}\}$$
$$- 1a(2)\{\boldsymbol{\sigma(3) + 2a(3)}\}$$
$$- a(1)R(4) - a(2)R(3) - a(3)R(2)$$

$$= \boxed{-4a(5) - 3a(4)\sigma(1) - 2a(3)\sigma(2) - 1a(2)\sigma(3) + R(5)}$$

ここで $R(5)$ は次の通りです。

$$R(5) = -2a(3)1a(2) - 1a(2)2a(3)$$
$$- a(1)R(4) - a(2)R(3) - a(3)R(2)$$
$$= -1a(2)2a(3) - 2a(3)1a(2)$$
$$- a(1)R(4) - a(2)R(3) - a(3)R(2)$$

以下同様にして、$G(n)$ は次のようになります。

$$G(n) = -(n-1)a(n) - (n-2)a(n-1)\sigma(1) - \cdots\cdots$$
$$\cdots\cdots\cdots\cdots -1a(2)\sigma(n-2) + R(n)$$

並べかえると、次の通りです。　　$(n \geq 4)$

> ### $G(n)$ を「$a(k)$ と $\sigma(k)$」で表す
>
> $$G(n) = -1a(2)\sigma(n-2) - 2a(3)\sigma(n-3) - \cdots\cdots\cdots$$
> $$\cdots\cdots - (n-2)a(n-1)\sigma(1) - (n-1)a(n) + R(n)$$
> $$= \sum_{k=1}^{n-1} -ka(1+k)\sigma(n-1-k) + R(n)$$
>
> ここで $R(n)(n \geq 4)$ は次の通り　　$(R(1) = R(2) = R(3) = 0)$
>
> $$R(n) = -1a(2)(n-3)a(n-2) - 2a(3)(n-4)a(n-3)$$
> $$-3a(4)(n-5)a(n-4) - \cdots\cdots - (n-3)a(n-2)1a(2)$$
> $$-a(1)R(n-1) - a(2)R(n-2) - \cdots\cdots - a(n-4)R(4)$$

$R(n)$ は、順に計算していくと次のようになってきます。

$G(n)$ は、もちろん p83 と同じです。

n	1	2	3	4	5	6	7	8	9	10
$R(n)$	0	0	0	-1	-1	-2	5	3	21	9

> 問
>
> $R(4)$、$R(5)$、$\cdots\cdots$、$R(9)$ を用いて、$R(10)$ を求めてみましょう。

$(a(10)$ まででは$)\underline{a(1) = a(2) = -1、a(5) = a(7) = 1}$ の他は $a(n) = 0$ です。

$$
\begin{aligned}
R(10) &= -1a(2)7a(8) - 2a(3)6a(7) - 3a(4)5a(6) \\
&\quad -4a(5)4a(5) - 5a(6)3a(4) - 6a(7)2a(3) - 7a(8)1a(2) \\
&\quad -a(1)R(9) - a(2)R(8) - a(3)R(7) - a(4)R(6) \\
&\quad -a(5)R(5) - a(6)R(4) \\
&= (-4)4 + 1 \cdot 21 + 1 \cdot 3 + (-1)(-1) \\
&= (-16) + 21 + 3 + 1 \\
&= 9
\end{aligned}
$$

$a(k) = 0$ が多いから、さほど大変な計算ではないな。

計算の前に、正確に式を書き下すだけでもウンザリだよ。

▶ $p(n)$ を「$a(k)$ と $\sigma(k)$」で表す

いよいよ $p(n)$ を「$a(k)$ と $\sigma(k)$」で表すことにしましょう。

$G(n) = \sigma(n) - p(n)$ としたので、$p(n) = \sigma(n) + \{-G(n)\}$ とするだけです。

ここで、σ(n)、− G(n) は次の通りです。

$$\sigma(n) = -na(n) - a(1)\sigma(n-1) - \cdots - a(n-1)\sigma(1)$$

$$-G(n) = (n-1)a(n) + 1a(2)\sigma(n-2) + 2a(3)\sigma(n-3)$$
$$+ \cdots\cdots + (n-2)a(n-1)\sigma(1) - R(n)$$

$$p(1) = \sigma(1) - G(1)$$
$$= \boxed{-a(1) + 0 - R(1)}$$

$$p(2) = \sigma(2) - G(2)$$
$$= -2a(2) - a(1)\sigma(1)$$
$$\quad + 1a(2) \qquad\qquad - R(2)$$
$$= \boxed{-a(2) + \sigma(1) - R(2)} \qquad (a(1) = -1)$$

$$p(3) = \sigma(3) - G(3)$$
$$= -3a(3) - a(1)\sigma(2) - a(2)\sigma(1)$$
$$\quad + 2a(3) \qquad\qquad + 1a(2)\sigma(1) - R(3)$$
$$= \boxed{-a(3) + \sigma(2) - R(3)} \qquad (a(1) = -1)$$

$$p(4) = \sigma(4) - G(4)$$
$$= -4a(4) - a(1)\sigma(3) - a(2)\sigma(2) - a(3)\sigma(1)$$
$$\quad + 3a(4) \qquad\qquad + 1a(2)\sigma(2) + 2a(3)\sigma(1) - R(4)$$
$$= \boxed{-a(4) + \sigma(3) + 1a(3)\sigma(1) - R(4)}$$

$$p(5) = \sigma(5) - G(5)$$
$$= -5a(5) - a(1)\sigma(4) - a(2)\sigma(3) - a(3)\sigma(2) - a(4)\sigma(1)$$
$$+ 4a(5) \qquad\qquad + 1a(2)\sigma(3) + 2a(3)\sigma(2) + 3a(4)\sigma(1)$$
$$- R(5)$$
$$= \boxed{-\boldsymbol{a(5)} + \sigma(4) + 1a(3)\sigma(2) + 2a(4)\sigma(1) - \boldsymbol{R(5)}}$$

以下同様にして、$p(n)$ は次のようになります。

$$p(n) = -\boldsymbol{a(n)} + \sigma(n-1) + 1a(3)\sigma(n-3)$$
$$+ 2a(4)\sigma(n-4) + \cdots\cdots + (n-3)a(n-1)\sigma(1) - \boldsymbol{R(n)}$$

並べかえると、次の通りです。（$n \geq 4$）

$p(n)$ を「$a(k)$ と $\sigma(k)$」で表す

$$p(n) = \sigma(n-1) + 1a(3)\sigma(n-3) + 2a(4)\sigma(n-4) + \cdots$$
$$\cdots\cdots + (n-3)a(n-1)\sigma(1) - \boldsymbol{a(n)} - \boldsymbol{R(n)}$$

ここで $R(n)(n \geq 4)$ は次の通り　　$(R(1) = R(2) = R(3) = 0)$
$$R(n) = -1a(2)(n-3)a(n-2) - 2a(3)(n-4)a(n-3)$$
$$- 3a(4)(n-5)a(n-4) - \cdots\cdots - (n-3)a(n-2)1a(2)$$
$$- a(1)R(n-1) - a(2)R(n-2) - \cdots\cdots - a(n-4)R(4)$$

問 $R(10) = 9$ を用いて、$p(10)$ を求めましょう。

（$a(10)$ まででは）$\underline{a(1) = a(2) = -1、a(5) = a(7) = 1}$ の他は $a(n) = 0$ です。

また $R(10) = 9$ は、p91 の［問］で求めました。

$$
\begin{aligned}
p(10) &= \sigma(9) + 1\cancel{a(3)}\sigma(7) + 2\cancel{a(4)}\sigma(6) + 3a(5)\sigma(5) \\
&\quad + 4\cancel{a(6)}\sigma(4) + 5a(7)\sigma(3) + 6\cancel{a(8)}\sigma(2) \\
&\quad + 7\cancel{a(9)}\sigma(1) - \cancel{a(10)} - R(10) \\
&= 13 + 3 \cdot 1 \cdot 6 + 5 \cdot 1 \cdot 4 - 9 \\
&= 42
\end{aligned}
$$

 「約数の和」と「分割数」は、お互いから出てくるのだな。

 約数の和が、約数と無関係な分割数から分かるなんてね。

 約数不明なままで、「約数の和」って求まるものなのね。

 $\sigma(n)$ も $p(n)$ も、それぞれの漸化式で出す方が早いわ。

求めた約数の和が $\sigma(n) = n + 1$ なら、n は素数だよ。

 分割数 $p(n)$ と約数の和 $\sigma(n)$ の「不思議な関係」は、オイラー関数という仲人が間を取りもったようだなぁ。

| コラムⅡ | 多角数（3角数・4角数・……・k角数）

　「5角数定理」の名は、x の指数に現れた $\dfrac{n(3n-1)}{2}$ が「5角数」であることからきていましたね。その「5角数」とは、どんな数なのでしょうか。多角数の中の「3角数」から順に見ていくことにしましょう。

$\boxed{3\,\text{角数}}\ \dfrac{n(1n+1)}{2} = \dfrac{n\{1n-(-1)\}}{2}$

　小石が1辺に1個、2個、3個、……並ぶように、ドンドン追加して3角形に並べていくと、その個数は「1、3、6、10、……」となってきますね。これらの数が3角数です。

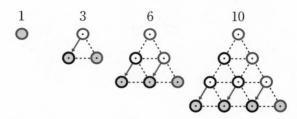

　1辺に n 個並んだ「n 番目の3角数」を求めるには、下図のように(同じものを逆さにして)つけくわえ、長方形にして数えてから半分にします。

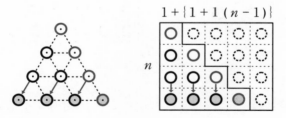

　「n 番目の3角数」は、次の通りです。

$$\frac{n\Big[1+\{1+1(n-1)\}\Big]}{2} = \frac{n(1n+1)}{2}$$

$$\left(= \frac{n\{1n-(-1)\}}{2} \right)$$

$\boxed{4\text{角数}}$ $n^2 = \dfrac{n(2n-0)}{2}$

4角数も同様です。今度は4角形に並べるのです。4角形は、2つの3角形に分けられることに着目します。

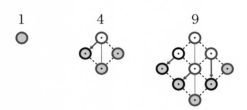

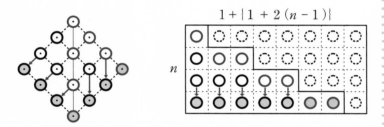

「n番目の4角数」は、次の通りです。（計算するまでもないですが……）

$$\frac{n\Big[1+\big\{1+2(n-1)\big\}\Big]}{2} = \frac{n(2n-0)}{2}$$

$$= n^2$$

$\boxed{5\text{角数}}$ $\dfrac{n(3n-1)}{2}$

5角数も同様です。5角形は、3つの3角形に分けられます。

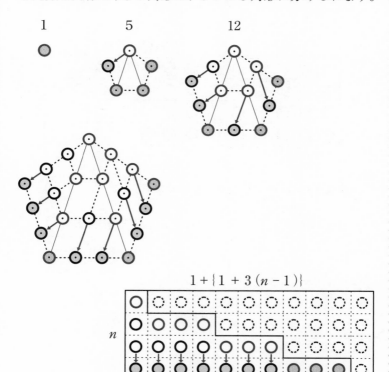

1　　　　　5　　　　　12

$1+\{1+3(n-1)\}$

n

「n番目の5角数」は、次の通りです。

$$\frac{n\Big[1+\big\{1+3(n-1)\big\}\Big]}{2}=\frac{n(3n-1)}{2}$$

$\boxed{k\,\text{角数}}$ $\dfrac{n\{(k-2)n-(k-4)\}}{2}$

k 角数も同様です。k 角形は、$(k-2)$ 個の 3 角形に分けられます。

$$1+\{1+(k-2)(n-1)\}$$

「n 番目の k 角数」は、次の通りです。

$$\frac{n\left[1+\{1+(k-2)(n-1)\}\right]}{2}=\frac{n\{(k-2)n-(k-4)\}}{2}$$

多角数

「n 番目の k 角数」は

$$\frac{n\left\{(k-2)n-(k-4)\right\}}{2}$$

「ガウスの 3 角数等式・
　　　4 角数等式」と
「ラマヌジャンの
　　　分割数等式」

3章

11 が素数かどうか、
割り算しないで知りたい！

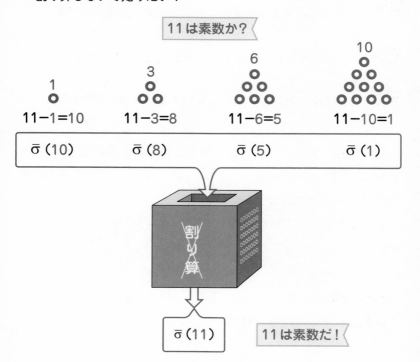

11 は素数か？

1
○
11−1=10

3
○○
11−3=8

6
○
○○
○○○
11−6=5

10
○○
○○○
○○○○
11−10=1

$\bar{\sigma}(10)$　　$\bar{\sigma}(8)$　　$\bar{\sigma}(5)$　　$\bar{\sigma}(1)$

割り算

$\bar{\sigma}(11)$

11 は素数だ！

6節 ガウスの3角数等式・4角数等式から「不思議な式」へ

▶ 「5角数」は神秘の数か

第2章では、約数不明なままで約数の和 $\sigma(n)$ を求める方法を見てきました。

 $\sigma(n)$ を出すなら漸化式よね。分割数で出すより簡単よ。

 どちらも「オイラー関数の係数」$a(k)$ を用いたよ。

 オイラー関数ときたら5角数よね。きっと特別な数よ。

約数の和 $\sigma(n)$ にとって、「5角数」は特別な存在でしょうか。他の「3角数」や「4角数」とはちがって、何か不思議な力で約数と結びつく運命にあるような……。

そんな神秘主義者には残念ですが、「5角数」だけが特別というわけではないのです。

約数の和 $\sigma(n)$ は、じつは「3角数」や「4角数」に関連した漸化式からも求められるのです。

それというのも、「オイラーの5角数定理」そのものが、数学の王者ガウスによって引き継がれていったのです。

▶オイラーからガウスへ

　オイラーを称賛する数学者は大勢います。じつはその1人に、ガウスがいるのです。ガウスはオイラーを、次のようにたたえています。

> 「オイラーの著作を勉強するのは、
> 数学のさまざまな領域における最良の訓練であって
> 他の何事にもかえがたい」
> （参考文献 2 p22 より引用）

　そんなガウスが、「オイラーの5角数定理」に目をつけないはずがありませんよね。そこで導き出したのが、次の等式です。

ガウスの3角数等式

$$\frac{\left\{\Phi\left(x^2\right)\right\}^2}{\Phi(x)} = \sum_{n=0}^{\infty} x^{\frac{n(n+1)}{2}} = 1 + \sum_{n=1}^{\infty} x^{\frac{n(n+1)}{2}}$$

$$\frac{\left\{\Phi(x)\right\}^2}{\Phi(x^2)} = \sum_{n=-\infty}^{\infty} (-1)^n \, x^{n^2} = 1 + 2\sum_{n=1}^{\infty} (-1)^n \, x^{n^2}$$

この中の $\Phi(x)$ は、オイラー関数 $\prod_{k=1}^{\infty}\left(1-x^k\right)$ （$|x|<1$）です。

$x^{\frac{n(n+1)}{2}}$ の指数 $\dfrac{n(n+1)}{2}$ は（n 番目の）「3角数」で、x^{n^2} の指数 n^2 は（n 番目の）「4角数」です。

ここで「等式」としたのは、「ガウスの3角数定理」が別にあるからです。

「すべての自然数はたかだか m 個の m 角数の和で表される」というのが多角数定理です。

この多角数定理の $m=3$ の場合が、「ガウスの3角数定理」です。$m=4$ の場合は、ラグランジュやヤコビの「4平方定理」です。0以外の平方数1、4、9、……は4角数で、たかだか4個の4角数の和で表されるのです。

「オイラーの5角数定理」は、（多角数定理ではないのに）例外的に5角数定理と呼ばれています。ちなみに多角数定理を発見したのはフェルマーですが、やはり証明は残していませんでした。

じつは 3 角数に関連した「ガウスの恒等式」と呼ばれる等式も、別にあるのです。

ガウスの恒等式

$$\left\{\Phi(x)\right\}^3 = \sum_{n=0}^{\infty} (-1)^n (2n+1) x^{\frac{n(n+1)}{2}}$$

　ここでも $x^{\frac{n(n+1)}{2}}$ の指数 $\dfrac{n(n+1)}{2}$ は、(n 番目の)「3 角数」ですね。

▶ 3 角ガウス関数を見てみよう

　オイラー関数では、「x^n の係数」を (ここだけですが) $a(n)$ としました。

　そこでガウスの 3 角数等式・4 角数等式の関数を、(ここだけですが) 3 角ガウス関数・4 角ガウス関数と呼ぶことにして、$H(x)$・$K(x)$ と記すことにします。さらに、これらの「x^n の係数」($n \geq 1$) を $b(n)$・$2c(n)$ とします。ちなみにガウス関数といったら、(通常は) 正規分布 (誤差分布) のことで、これらとは全く別ものです。

3角ガウス関数

$$\frac{\left\{\,\Phi(x^2)\,\right\}^2}{\Phi(x)} = H(x) = \sum_{n=0}^{\infty} b(n)x^n$$

4角ガウス関数

$$\frac{\left\{\,\Phi(x)\,\right\}^2}{\Phi(x^2)} = K(x) = 1 + 2\sum_{n=1}^{\infty} c(n)x^n$$

ガウスの3角数等式は、次の通りです。$b(0)=1$ とします。

3角ガウス関数の係数 $b(n)$

$$H(x) = \sum_{n=0}^{\infty} b(n)x^n \quad (|x|<1)$$

ここで $b(n)$ は、$h=1,\ 2,\ 3,\ \cdots$ としたとき

$$n = \frac{h(h+1)}{2}\ \ \text{では、}\ \ b(n)=1$$

$$n \neq \frac{h(h+1)}{2}\ \ \text{では、}\ \ b(n)=0$$

ちなみに $b(n)$ の値は3角数ではありません。$b(n)$ は「0、1」の
いずれかです。（「-1」とはなりません。）

問 $h=1$, 2, 3, 4, 5 のときの $b(n)$ を求めましょう。

$h=1$ のとき、$n=\dfrac{1\cdot(1+1)}{2}=1$　　　　$b(1)=1$

$h=2$ のとき、$n=\dfrac{2\cdot(2+1)}{2}=3$　　　　$b(3)=1$

$h=3$ のとき、$n=\dfrac{3\cdot(3+1)}{2}=6$　　　　$b(6)=1$

$h=4$ のとき、$n=\dfrac{4\cdot(4+1)}{2}=10$　　　$b(10)=1$

$h=5$ のとき、$n=\dfrac{5\cdot(5+1)}{2}=15$　　　$b(15)=1$

$$H(x)=x^1+x^3+x^6+x^{10}+x^{15}+\cdots\cdots$$

今回も表にまとめてみたわ。一番下の欄は何かしら。

n	1	2	3	4	5	6	7	8	9	10	11	12	13
$b(n)$	1	0	1	0	0	1	0	0	0	1	0	0	0

▶ 「3角数」を用いた素数の見つけ方

オイラー関数 $\Phi(x)$ を約数の和 $\sigma(n)$ に結びつける際に、要と
なってくるのが p78 の次の式です。（両辺を入れかえています）

$$\Phi'(x) \cdot (-x) = \Phi(x) \cdot F(x)$$

$$F(x) = \sigma(1)x + \sigma(2)x^2 + \sigma(3)x^3 + \cdots\cdots$$

オイラー関数 $\Phi(x)$ を微分すると（$-x$ をかけることで）、$\Phi(x)$
に $F(x)$ がかかってきます。つまり $\underline{\Phi(x)\text{ は微分することで、約数}}$
$\underline{\text{の和 }\sigma(n)\text{ に結びつけられる}}$のです。

$$\frac{\left\{\Phi\left(x^2\right)\right\}^2}{\Phi(x)} = H(x)$$

$$\{\Phi(x^2)\}^2 = H(x)\Phi(x)$$

　それでは、さっそく微分してみましょう。用いるのは、合成関数の微分です。外側から順に「$\{\ \ \}^2 \to 2\{\ \ \}$」、中身の「$\Phi(\ ) \to \Phi'(\ )$」、そのまた中身の「$x^2 \to 2x$」と、どんどん微分していきます。（右辺は積の微分です。）

$$2\{\Phi(x^2)\}\Phi'(x^2)2x = H'(x)\Phi(x) + H(x)\Phi'(x)$$

　この両辺に $(-x)$ をかけて、$\Phi'(x)\cdot(-x) = \Phi(x)\cdot F(x)$ を（x を x^2 にするなどして）用います。

$$4\{\Phi(x^2)\}\Phi'(x^2)(-x^2) = -xH'(x)\Phi(x) + H(x)\Phi'(x)(-x)$$
$$4\{\Phi(x^2)\}\Phi(x^2)F(x^2) = -xH'(x)\Phi(x) + H(x)\Phi(x)F(x)$$
$$4\{\Phi(x^2)\}^2F(x^2) = -xH'(x)\Phi(x) + H(x)\Phi(x)F(x)$$
$$4H(x)\Phi(x)F(x^2) = -xH'(x)\Phi(x) + H(x)\Phi(x)F(x)$$

　最後の式には、（次のように）両辺にオイラー関数 $\Phi(x)$ がありますね。

$$4H(x)\Phi(x)F(x^2) = -xH'(x)\Phi(x) + H(x)\Phi(x)F(x)$$

　……ということは、何と（両辺から）オイラー関数 $\Phi(x)$ を消し去ることができるのです。

$$4H(x)F(x^2) = -xH'(x) + H(x)F(x)$$
$$xH'(x) = H(x)\{F(x) - 4F(x^2)\}$$

両辺を入れかえると、次の通りです。

$$H(x)\{F(x) - 4F(x^2)\} = xH'(x)$$

ここで $H(x) = b(0) + b(1)x^1 + b(2)x^2 + b(3)x^3 + \cdots\cdots$ です。

それでは残りの $\{F(x) - 4F(x^2)\}$ と $xH'(x)$ も求めておきましょう。

$$\{F(x) - 4F(x^2)\} = \sigma(1)x + \{\sigma(2) - 4\sigma(1)\}x^2 + \sigma(3)x^3$$
$$+ \{\sigma(4) - 4\sigma(2)\}x^4 + \sigma(5)x^5 + \cdots\cdots$$

ここで $\bar{\sigma}(n)$ を次のようにします。

$$\bar{\sigma}(n) = \sigma(n) - 4\sigma\left(\frac{n}{2}\right)$$

（ただし $\sigma(x)$ は x が**整数でない**ときは **0** とします）

すると $\{F(x) - 4F(x^2)\}$ は次のようになります。

$$\{F(x) - 4F(x^2)\} = \bar{\sigma}(1)x + \bar{\sigma}(2)x^2 + \bar{\sigma}(3)x^3 + \cdots\cdots$$

$xH'(x)$ の方は、次のようになります。

$$H(x) = b(0) + b(1)x^1 + b(2)x^2 + b(3)x^3 + \cdots$$
$$H'(x) = \qquad\quad b(1) \quad + 2b(2)x + 3b(3)x^2 + \cdots$$
$$xH'(x) = \qquad\quad b(1)x^1 + 2b(2)x^2 + 3b(3)x^3 + \cdots$$

結局のところ、$H(x)\{F(x) - 4F(x^2)\} = xH'(x)$ は次のようになってきます。$(b(0) = 1)$

$$\{1 + b(1)x^1 + b(2)x^2 + b(3)x^3 + \cdots\cdots\}$$
$$\times \{\bar{\sigma}(1)x + \bar{\sigma}(2)x^2 + \bar{\sigma}(3)x^3 + \cdots\cdots\}$$
$$= b(1)x^1 + 2b(2)x^2 + 3b(3)x^3 + \cdots\cdots$$

ここから先は、両辺の「x^n の係数」が等しいことを利用して、$\bar{\sigma}(n)$ を求めていきます。($b(n)$ は p106)

$\boxed{x^1 \text{ の係数}}$

$$\boxed{\bar{\sigma}(1) = b(1)}$$
$$= 1$$

$\boxed{x^2 \text{ の係数}}$

$$\bar{\sigma}(2) + b(1)\bar{\sigma}(1) = 2b(2)$$
$$\boxed{\bar{\sigma}(2) = 2b(2) - b(1)\bar{\sigma}(1)}$$
$$= (-1)1 = -1$$

$\boxed{x^3 \text{ の係数}}$

$$\bar{\sigma}(3) + b(1)\bar{\sigma}(2) + b(2)\bar{\sigma}(1) = 3b(3)$$
$$\boxed{\bar{\sigma}(3) = 3b(3) - b(1)\bar{\sigma}(2) - b(2)\bar{\sigma}(1)}$$
$$= 3 \cdot 1 + (-1)(-1) = 4$$

$\boxed{x^4 \text{ の係数}}$

$$\bar{\sigma}(4) + b(1)\bar{\sigma}(3) + b(2)\bar{\sigma}(2) + b(3)\bar{\sigma}(1) = 4b(4)$$

$$\boxed{\bar{\sigma}(4) = 4b(4) - b(1)\bar{\sigma}(3) - b(2)\bar{\sigma}(2) - b(3)\bar{\sigma}(1)}$$

$$= (-1)4 + (-1)1 = -5$$

以下同様にして、$\bar{\sigma}(n)$ は次のようになります。

$\bar{\sigma}(n)$ の漸化式

$$\bar{\sigma}(n) = nb(n) - b(1)\,\bar{\sigma}(n-1) - \cdots - b(n-1)\,\bar{\sigma}(1)$$
$$= nb(n) + \sum_{k=1}^{n-1} -b(k)\,\bar{\sigma}(n-k)$$

すでに $\bar{\sigma}(1) = 1$、$\bar{\sigma}(2) = -1$、$\bar{\sigma}(3) = 4$、$\bar{\sigma}(4) = -5$ まで求めました。

問 $\bar{\sigma}(n)$ の漸化式を用いて、次を求めましょう。

$$\bar{\sigma}(5) \quad , \quad \bar{\sigma}(6)$$

（$b(7)$ まででは）$\underline{b(1) = b(3) = b(6) = 1}$ の他は $b(n) = 0$ です。以下では $b(n) = 0$ の項は、$nb(n)$ の他は消しています。

$$\overline{\sigma}(5) = 5b(5) - b(1)\overline{\sigma}(4) - b(3)\overline{\sigma}(2)$$

$$= (-1)(-5) + (-1)(-1) = \boxed{6}$$

$$\overline{\sigma}(6) = 6b(6) - b(1)\overline{\sigma}(5) - b(3)\overline{\sigma}(3)$$

$$= 6 \cdot 1 + (-1)6 + (-1)4 = \boxed{-4}$$

n	1	2	3	4	5	6	7	8	9	10	11	12	13
$b(n)$	1	0	1	0	0	1	0	0	0	1	0	0	0
$\overline{\sigma}(n)$	1	−1	4	−5	6	−4	8	−13	13	−6	12	−20	14

 素数を見つけるには、$\overline{\sigma}(n) = n + 1$ となる n に着目ね。

 偶数の素数は見つからないけど、「2」だけだからいいよ。

素数の見つけ方

p が（正の）奇数のとき

$$p \text{ が素数である} \quad \Longleftrightarrow \quad \overline{\sigma}(p) = p + 1$$

$\sigma(n)$ は、$\overline{\sigma}(n)$ の決め方から、次の通りです。

$$\sigma(n) = \bar{\sigma}(n) + 4\sigma\left(\frac{n}{2}\right)$$

（ただし $\sigma(x)$ は x が**整数でない**ときは **0** とします）

 n が奇数なら $\sigma(n) = \bar{\sigma}(n)$ で、$\bar{\sigma}(n)$ は約数の和だね。

 n が偶数のときは、もし $\sigma(n)$ を求めたいなら、n より 小さい $\frac{n}{2}$ の $\left(\bar{\sigma}\left(\frac{n}{2}\right)$ ではなく$\right)$ $\sigma\left(\frac{n}{2}\right)$ で調整するのさ。

問 p113 の表を見て、$\sigma(8)$ を求めましょう。

$$\begin{aligned}
\sigma(8) &= \bar{\sigma}(8) + 4\sigma(4) = \bar{\sigma}(8) + 4\{\bar{\sigma}(4) + 4\sigma(2)\} \\
&= \bar{\sigma}(8) + 4\bar{\sigma}(4) + 16\{\bar{\sigma}(2) + 4\sigma(1)\} \\
&= \bar{\sigma}(8) + 4\bar{\sigma}(4) + 16\bar{\sigma}(2) + 64\bar{\sigma}(1) \\
&= (-13) + 4(-5) + 16(-1) + 64 \cdot 1 = \boxed{15}
\end{aligned}$$

▶ **4角ガウス関数を見てみよう**

　今度は、4角ガウス関数について見ていきましょう。もっとも、 先ほどと同様なので、練習のつもりでやってみてもいいですね。

まずは、4角ガウス関数の係数を確認しておきます。

4角ガウス関数の係数 $c(n)$

$$K(x) = 1 + 2 \sum_{n=1}^{\infty} c(n)x^n \qquad (|x| < 1)$$

ここで $c(n)$ は、$h = 1, 2, 3, \cdots$ としたとき

$$n = h^2 \quad \text{では、} \quad c(n) = (-1)^h$$
$$n \neq h^2 \quad \text{では、} \quad c(n) = 0$$

ちなみに $c(n)$ の値は、4角数ではありません。「-1、0、1」のいずれかです。

> 問　$h = 1, 2, 3, 4, 5$ のときの $c(n)$ を求めましょう。

$h = 1$ のとき、$n = 1^2 = 1$ 　　$c(1) = \boxed{-1}$

$h = 2$ のとき、$n = 2^2 = 4$ 　　$c(4) = \boxed{1}$

$h = 3$ のとき、$n = 3^2 = 9$ 　　$c(9) = \boxed{-1}$

$h = 4$ のとき、$n = 4^2 = 16$　　$c(16) = \boxed{1}$

$h = 5$ のとき、$n = 5^2 = 25$　　$c(25) = \boxed{-1}$

$$K(x) = 1 + 2\{(-1)x^1 + 1x^4 + (-1)x^9$$
$$+ 1x^{16} + (-1)x^{25} + \cdots\cdots\}$$

 今回も表にまとめてみたわ。一番下の欄は何かしら。

n	1	2	3	4	5	6	7	8	9	10	11	12	13
$c(n)$	−1	0	0	1	0	0	0	0	−1	0	0	0	0

▶ 「4角数」を用いた素数の見つけ方

　今回もオイラー関数 $\Phi(x)$ を微分して、約数の和 $\sigma(n)$ に結びつけていきましょう。

$$\Phi'(x) \cdot (-x) = \Phi(x) \cdot F(x)$$

$$F(x) = \sigma(1)x + \sigma(2)x^2 + \sigma(3)x^3 + \cdots\cdots$$

$$\frac{\{\Phi(x)\}^2}{\Phi(x^2)} = K(x)$$

$$\{\Phi(x)\}^2 = K(x)\Phi(x^2)$$

それでは、合成関数の微分（と積の微分）です。

$$2\{\Phi(x)\}\Phi'(x) = K'(x)\Phi(x^2) + K(x)\Phi'(x^2)2x$$

この両辺に $(-x)$ をかけます。

$$2\{\Phi(x)\}\Phi'(x)(-x) = -xK'(x)\Phi(x^2) + 2K(x)\Phi'(x^2)(-x^2)$$

$$2\{\Phi(x)\}\Phi(x)F(x) = -xK'(x)\Phi(x^2) + 2K(x)\Phi(x^2)F(x^2)$$

$$2\{\Phi(x)\}^2F(x) = -xK'(x)\Phi(x^2) + 2K(x)\Phi(x^2)F(x^2)$$

$$2K(x)\Phi(x^2)F(x) = -xK'(x)\Phi(x^2) + 2K(x)\Phi(x^2)F(x^2)$$

ここでも何と、（両辺から）オイラー関数 $\Phi(x^2)$ を消し去ること
ができます。

$$2K(x)\Phi(x^2)F(x) = -xK'(x)\Phi(x^2) + 2K(x)\Phi(x^2)F(x^2)$$

$$2K(x)F(x) = -xK'(x) + 2K(x)F(x^2)$$

$$2K(x)\{F(x) - F(x^2)\} = -xK'(x)$$

ここで $K(x)$ は、次の通りです。

$$K(x) = 1 + 2\{c(1)x^1 + c(2)x^2 + c(3)x^3 + \cdots\}$$

それでは残りの $\{F(x) - F(x^2)\}$ と $-xK'(x)$ も求めておきましょう。

$$\{F(x) - F(x^2)\} = \sigma(1)x + \{\sigma(2) - \sigma(1)\}x^2 + \sigma(3)x^3$$
$$+ \{\sigma(4) - \sigma(2)\}x^4 + \sigma(5)x^5 + \cdots\cdots$$

ここで $\overline{\overline{\sigma}}(n)$ を次のようにします。

$$\overline{\overline{\sigma}}(n) = \sigma(n) - \sigma\left(\frac{n}{2}\right)$$

（ただし $\sigma(x)$ は x が**整数でない**ときは **0** とします）

すると $\{F(x) - F(x^2)\}$ は、次のようになります。

$$\{F(x) - F(x^2)\} = \overline{\overline{\sigma}}(1)x + \overline{\overline{\sigma}}(2)x^2 + \overline{\overline{\sigma}}(3)x^3 + \cdots\cdots$$

$-xK'(x)$ の方は、次のようになります。

$$-K(x) = -1 - 2\{c(1)x^1 + \ \ c(2)x^2 + \ \ c(3)x^3 + \cdots\}$$
$$-K'(x) = \ \ \ \ \ \ -2\{c(1) \ \ \ \ + 2c(2)x \ + 3c(3)x^2 + \cdots\}$$
$$-xK'(x) = \ \ \ \ \ \ -2\{c(1)x^1 + 2c(2)x^2 + 3c(3)x^3 + \cdots\}$$

先ほどの $2K(x)\{F(x) - F(x^2)\} = -xK'(x)$ は、次のようになってきます。

$$2\{1 + 2c(1)x^1 + 2c(2)x^2 + 2c(3)x^3 + \cdots\cdots\}$$
$$\times \{\bar{\bar{\sigma}}(1)x + \bar{\bar{\sigma}}(2)x^2 + \bar{\bar{\sigma}}(3)x^3 + \cdots\cdots\}$$
$$= -2\{c(1)x^1 + 2c(2)x^2 + 3c(3)x^3 + \cdots\}$$

ここで、さらに両辺を 2 で割ります。

$$\{1 + 2c(1)x^1 + 2c(2)x^2 + 2c(3)x^3 + \cdots\cdots\}$$
$$\times \{\bar{\bar{\sigma}}(1)x + \bar{\bar{\sigma}}(2)x^2 + \bar{\bar{\sigma}}(3)x^3 + \cdots\cdots\}$$
$$= -c(1)x^1 - 2c(2)x^2 - 3c(3)x^3 - \cdots$$

ここから先は、両辺の「x^n の係数」が等しいことを利用して、$\bar{\bar{\sigma}}(n)$ を求めていきます。（$c(n)$ は p115）

$\boxed{x^1 \text{ の係数}}$

$$\boxed{\bar{\bar{\sigma}}(1) = -c(1)}$$
$$= 1$$

$\boxed{x^2 \text{ の係数}}$

$$\bar{\bar{\sigma}}(2) + 2c(1)\bar{\bar{\sigma}}(1) = -2c(2)$$
$$\boxed{\bar{\bar{\sigma}}(2) = -2c(2) - 2c(1)\bar{\bar{\sigma}}(1)}$$
$$= 2 \cdot 1 = 2$$

$\boxed{x^3 \text{ の係数}}$

$$\bar{\bar{\sigma}}(3) + 2c(1)\bar{\bar{\sigma}}(2) + 2c(2)\bar{\bar{\sigma}}(1) = -3c(3)$$

$$\boxed{\bar{\bar{\sigma}}(3) = -3c(3) - 2c(1)\bar{\bar{\sigma}}(2) - 2c(2)\bar{\bar{\sigma}}(1)}$$

$$= 2 \cdot 2 = 4$$

$\boxed{x^4 \text{ の係数}}$

$$\bar{\bar{\sigma}}(4) + 2c(1)\bar{\bar{\sigma}}(3) + 2c(2)\bar{\bar{\sigma}}(2) + 2c(3)\bar{\bar{\sigma}}(1) = -4c(4)$$

$$\boxed{\bar{\bar{\sigma}}(4) = -4c(4) - 2c(1)\bar{\bar{\sigma}}(3) - 2c(2)\bar{\bar{\sigma}}(2) - 2c(3)\bar{\bar{\sigma}}(1)}$$

$$= (-4)1 + 2 \cdot 4 = 4$$

$\bar{\bar{\sigma}}(n)$ の漸化式

$$\bar{\bar{\sigma}}(n) = -nc(n) - 2c(1)\,\bar{\bar{\sigma}}(n-1) - \cdots - 2c(n-1)\,\bar{\bar{\sigma}}(1)$$

$$= -nc(n) + \sum_{k=1}^{n-1} -2c(k)\,\bar{\bar{\sigma}}(n-k)$$

すでに、$\bar{\bar{\sigma}}(1) = 1$、$\bar{\bar{\sigma}}(2) = 2$、$\bar{\bar{\sigma}}(3) = 4$、$\bar{\bar{\sigma}}(4) = 4$ まで求めました。

問　$\bar{\bar{\sigma}}(n)$ の漸化式を用いて、次を求めましょう。

$$\bar{\bar{\sigma}}(5) \quad , \quad \bar{\bar{\sigma}}(6)$$

（$c(6)$ まででは）$\underline{c(1)=-1、c(4)=1}$ の他は $c(n)=0$ です。以下では $c(n)=0$ の項は、$nc(n)$ の他は消しています。

$$\bar{\sigma}(5) = -5\cancel{c(5)} - 2c(1)\bar{\sigma}(4) - 2c(4)\bar{\sigma}(1)$$
$$= 2\cdot4 + (-2)1 = 6$$

$$\bar{\sigma}(6) = -6\cancel{c(6)} - 2c(1)\bar{\sigma}(5) - 2c(4)\bar{\sigma}(2)$$
$$= 2\cdot6 + (-2)2 = 8$$

n	1	2	3	4	5	6	7	8	9	10	11	12	13
$c(n)$	-1	0	0	1	0	0	0	0	-1	0	0	0	0
$\bar{\sigma}(n)$	1	2	4	4	6	8	8	8	13	12	12	16	14

 素数を見つけるには、$\bar{\sigma}(n)=n+1$ となる n に着目ね。

 偶数の素数は見つからないけど、「2」だけだからいいよ。

素数の見つけ方

p が（正の）奇数のとき

$\qquad p$ が素数である $\quad\longleftrightarrow\quad \bar{\sigma}(p)=p+1$

$\sigma(n)$ は、$\bar{\sigma}(n)$ の決め方から、次の通りです。

$$\sigma(n) = \overline{\sigma}(n) + \sigma\left(\frac{n}{2}\right)$$

（ただし $\sigma(x)$ は x が**整数でない**ときは **0** とします）

 n が奇数なら $\sigma(n) = \overline{\sigma}(n)$ で、$\overline{\sigma}(n)$ は約数の和だね。

 n が偶数のときは、もし $\sigma(n)$ を求めたいなら、n より 小さい $\frac{n}{2}$ の（$\overline{\sigma}\left(\frac{n}{2}\right)$ ではなく）$\sigma\left(\frac{n}{2}\right)$ で調整するのさ。

問 p121 の表を見て、$\sigma(8)$ を求めましょう。

$$\sigma(8) = \overline{\sigma}(8) + \sigma(4) = \overline{\sigma}(8) + \overline{\sigma}(4) + \sigma(2)$$
$$= \overline{\sigma}(8) + \overline{\sigma}(4) + \overline{\sigma}(2) + \sigma(1)$$
$$= \overline{\sigma}(8) + \overline{\sigma}(4) + \overline{\sigma}(2) + \overline{\sigma}(1)$$
$$= 8 + 4 + 2 + 1 = \boxed{15}$$

 「3角数」や「4角数」を用いても、素数が見つかるのね。

 元祖オイラーの素数の見つけ方は、「5角数」を用いたよ。

7節 ラマヌジャンの分割数等式から「不思議な式」へ

▶インドの鬼才 ラマヌジャン

次の等式を発見したのは、インドの鬼才ラマヌジャンです。

ラマヌジャンの分割数等式

$$5\frac{\left\{\Phi(x^5)\right\}^5}{\left\{\Phi(x)\right\}^6} = \sum_{n=0}^{\infty} p(5n+4)x^n$$

$$= p(4) + p(9)x + p(14)x^2 + p(19)x^3 + \cdots\cdots$$

ここでは、この式をラマヌジャンの分割数等式と呼ぶことにします。ラマヌジャンが発見した等式は山のごとくあるので、くれぐれもここだけでの呼称です。

またこの関数を、（ここだけですが）分割ラマヌジャン関数ということにします。通常のラマヌジャンの関数は今回とは全く別もので、$x\{\Phi(x)\}^{24} = \sum_{n=1}^{\infty} \tau(n)x^n$ によって定まる $\tau(n)$ のことです。

この等式に現れる分割数 $p(5n+4)$、つまり「5で割ると4余る数」の分割数 $p(4)$、$p(9)$、$p(14)$、$p(19)$、……は、次のようになっています。

$p(4) = 5$、$p(9) = 30$、$p(14) = 135$、$p(19) = 490$、

$p(24) = 1575$、$p(29) = 4565$、$p(34) = 12310$、

$p(39) = 31185$、$p(44) = 75175$、$p(49) = 173525$、

$p(54) = 386155$、$p(59) = 831820$、$p(64) = 1741630$、

$p(69) = 7089500$、$p(74) = 13848650$、……

 $p(5n+4)$ の「1 の位」は、どれも「0」か「5」だよ。

 $p(5n+4)$ は 5 で割り切れる…、つまり「5 の倍数」ね。

ラマヌジャンは、他にも次のような発見をしています。

$$p(5n+4) \text{ は 5 の倍数}$$
$$p(7n+5) \text{ は 7 の倍数}$$
$$p(11n+6) \text{ は 11 の倍数}$$

この（「たし算」の）分割数と、（「かけ算」の）倍数の関係を示すのにもテータ関数が用いられますが、（著者の力量の都合で）ここでは省略させていただきます。

▶分割数を用いた「σ̃(n) の漸化式」

分割ラマヌジャン関数を（ここでは）$M(x)$ として、これまでと同様に微分してみましょう。

$$5 \frac{\left\{\Phi(x^5)\right\}^5}{\left\{\Phi(x)\right\}^6} = M(x)$$

$$5\{\Phi(x^5)\}^5 = M(x)\{\Phi(x)\}^6$$

ここで、合成関数の微分（と積の微分）です。

$$25\{\Phi(x^5)\}^4 \Phi'(x^5)5x^4$$
$$= M'(x)\{\Phi(x)\}^6 + M(x)6\{\Phi(x)\}^5\Phi'(x)$$

両辺に $(-x)$ をかけます。$(\Phi'(x)\cdot(-x) = \Phi(x)\cdot F(x))$

$$125\{\Phi(x^5)\}^4 \Phi'(x^5)(-x^5)$$
$$= -xM'(x)\{\Phi(x)\}^6 + 6M(x)\{\Phi(x)\}^5\Phi'(x)(-x)$$

$$125\{\Phi(x^5)\}^4 \Phi(x^5)F(x^5)$$
$$= -xM'(x)\{\Phi(x)\}^6 + 6M(x)\{\Phi(x)\}^5\Phi(x)F(x)$$

$$25 \cdot 5\{\Phi(x^5)\}^5 F(x^5)$$
$$= -xM'(x)\{\Phi(x)\}^6 + 6M(x)\{\Phi(x)\}^6 F(x)$$

$$25M(x)\{\Phi(x)\}^6 F(x^5)$$
$$= -xM'(x)\{\Phi(x)\}^6 + 6M(x)\{\Phi(x)\}^6 F(x)$$

またしても、（両辺から）オイラー関数 $\{\Phi(x)\}^6$ を消し去ること
ができます。

$$25M(x)\{\Phi(x)\}^6 F(x^5)$$
$$= -xM'(x)\{\Phi(x)\}^6 + 6M(x)\{\Phi(x)\}^6 F(x)$$

$$25M(x)F(x^5) = -xM'(x) + 6M(x)F(x)$$
$$xM'(x) = M(x)\{6F(x) - 25F(x^5)\}$$

両辺を入れかえると、次の通りです。

$$M(x)\{6F(x) - 25F(x^5)\} = xM'(x)$$

ここで $M(x)$ は次の通りです。

$$M(x) = p(4) + p(9)x + p(14)x^2 + p(19)x^3 + \cdots\cdots$$

それでは残りの $xM'(x)$ と $\{6F(x) - 25F(x^5)\}$ を求めておきま
しょう。

$$M(x) = p(4) + p(9)x + p(14)x^2 + p(19)x^3 + \cdots\cdots$$
$$M'(x) = \quad\quad p(9) + 2p(14)x + 3p(19)x^2 + \cdots\cdots$$
$$xM'(x) = \quad\quad p(9)x + 2p(14)x^2 + 3p(19)x^3 + \cdots\cdots$$

$$\{6F(x) - 25F(x^5)\} = 6\sigma(1)x + 6\sigma(2)x^2 + 6\sigma(3)x^3$$
$$+ 6\sigma(4)x^4 + (6\sigma(5) - 25\sigma(1))x^5 + \cdots\cdots$$

$M(x)\{6F(x) - 25F(x^5)\} = xM'(x)$ は、次の通りです。

$$\begin{aligned}
&\{p(4) + p(9)x + p(14)x^2 + p(19)x^3 + \cdots\cdots\} \\
&\times \{6\sigma(1)x + 6\sigma(2)x^2 + 6\sigma(3)x^3 + 6\sigma(4)x^4 \\
&\quad + (6\sigma(5) - 25\sigma(1))x^5 + \cdots\cdots\} \\
&= p(9)x + 2p(14)x^2 + 3p(19)x^3 + \cdots\cdots
\end{aligned}$$

ここで $\tilde{\sigma}(n)$ を次のようにします。

$$\tilde{\sigma}(n) = 6\sigma(n) - 25\sigma\left(\frac{n}{5}\right)$$

（ただし $\sigma(x)$ は x が**整数でない**ときは **0** とします）

さらに（ラマヌジャンによると）$p(5n+4)$ は 5 の倍数なので、

$\tilde{p}(n) = \dfrac{p(5n+4)}{5}$ とします。$\tilde{p}(0) = \dfrac{p(4)}{5} = \dfrac{5}{5} = 1$ です。

上の式は、（両辺を 5 で割ると）次のようになります。

$$\begin{aligned}
&\{1 + \tilde{p}(1)x + \tilde{p}(2)x^2 + \tilde{p}(3)x^3 + \cdots\cdots\} \\
&\times \{\tilde{\sigma}(1)x + \tilde{\sigma}(2)x^2 + \tilde{\sigma}(3)x^3 + \tilde{\sigma}(4)x^4 + \tilde{\sigma}(5)x^5 + \cdots\} \\
&= \tilde{p}(1)x + 2\tilde{p}(2)x^2 + 3\tilde{p}(3)x^3 + \cdots\cdots
\end{aligned}$$

ここから先は、両辺の「x^n の係数」が等しいことを利用して、$\tilde{\sigma}(n)$ を求めていきます。　　　　　（$\tilde{p}(0) = 1$）

$\boxed{x^1 \text{ の係数}}$　$\boxed{\tilde{\sigma}(1) = \tilde{p}(1)}$

$\boxed{x^2 \text{ の係数}}$　$\tilde{\sigma}(2) + \tilde{p}(1)\,\tilde{\sigma}(1) = 2\,\tilde{p}(2)$

$\boxed{\tilde{\sigma}(2) = 2\,\tilde{p}(2) - \tilde{p}(1)\,\tilde{\sigma}(1)}$

$\boxed{x^3 \text{ の係数}}$　$\tilde{\sigma}(3) + \tilde{p}(1)\,\tilde{\sigma}(2) + \tilde{p}(2)\,\tilde{\sigma}(1) = 3\,\tilde{p}(3)$

$\boxed{\tilde{\sigma}(3) = 3\,\tilde{p}(3) - \tilde{p}(1)\,\tilde{\sigma}(2) - \tilde{p}(2)\,\tilde{\sigma}(1)}$

$\boxed{x^4 \text{ の係数}}$　$\tilde{\sigma}(4) + \tilde{p}(1)\,\tilde{\sigma}(3) + \tilde{p}(2)\,\tilde{\sigma}(2) + \tilde{p}(3)\,\tilde{\sigma}(1) = 4\tilde{p}(4)$

$\boxed{\tilde{\sigma}(4) = 4\tilde{p}(4) - \tilde{p}(1)\,\tilde{\sigma}(3) - \tilde{p}(2)\,\tilde{\sigma}(2) - \tilde{p}(3)\,\tilde{\sigma}(1)}$

以下同様にして、$\tilde{\sigma}(n)$ は次のようになります。

> **（分割数を用いた）$\tilde{\sigma}(n)$ の漸化式**
>
> $$\tilde{\sigma}(n) = n\tilde{p}(n) - \tilde{p}(1)\,\tilde{\sigma}(n-1) - \cdots - \tilde{p}(n-1)\,\tilde{\sigma}(1)$$
>
> $$= n\tilde{p}(n) + \sum_{k=1}^{n-1} -\tilde{p}(k)\,\tilde{\sigma}(n-k) \qquad \left(\tilde{p}(n) = \frac{p(5n+4)}{5} \right)$$

$$\sigma(n) = \frac{1}{6}\left\{\tilde{\sigma}(n) + 25\sigma\left(\frac{n}{5}\right)\right\}$$

（ただし $\sigma(x)$ は x が整数でないときは 0 とします）

> **問**　$\tilde{\sigma}(n)$ の漸化式を用いて、次を求めましょう。
> $$\sigma(1) \quad, \quad \sigma(2) \quad, \quad \sigma(3) \quad, \quad \sigma(4) \quad, \quad \sigma(5)$$

$\tilde{p}(n) = \dfrac{p(5n+4)}{5}$ は

$$p(4) = 5、\ p(9) = 30、\ p(14) = 135、\ p(19) = 490、$$
$$p(24) = 1575、\ p(29) = 4565、$$

から、次の通りです。　（$\tilde{p}(0) = 1$）

$$\tilde{p}(1) = 30 \div 5 = 6、\ \tilde{p}(2) = 135 \div 5 = 27$$
$$\tilde{p}(3) = 490 \div 5 = 98、\ \tilde{p}(4) = 1575 \div 5 = 315$$
$$\tilde{p}(5) = 4565 \div 5 = 913$$

$$\tilde{\sigma}(1) = \tilde{p}(1) = 6$$
$$\sigma(1) = \frac{1}{6}\tilde{\sigma}(1) = \frac{6}{6} = \boxed{1}$$

$$\widetilde{\sigma}(2) = 2\,\widetilde{p}(2) - \widetilde{p}(1)\widetilde{\sigma}(1) = 2 \cdot 27 + (-6)6 = 18$$

$$\sigma(2) = \frac{1}{6}\,\widetilde{\sigma}(2) = \frac{18}{6} = \boxed{3}$$

$$\widetilde{\sigma}(3) = 3\widetilde{p}(3) - \widetilde{p}(1)\widetilde{\sigma}(2) - \widetilde{p}(2)\widetilde{\sigma}(1)$$

$$= 3 \cdot 98 + (-6)18 + (-27)6 = 24$$

$$\sigma(3) = \frac{1}{6}\,\widetilde{\sigma}(3) = \frac{24}{6} = \boxed{4}$$

$$\widetilde{\sigma}(4) = 4\widetilde{p}(4) - \widetilde{p}(1)\widetilde{\sigma}(3) - \widetilde{p}(2)\widetilde{\sigma}(2) - \widetilde{p}(3)\widetilde{\sigma}(1)$$

$$= 4 \cdot 315 + (-6)24 + (-27)18 + (-98)6 = 42$$

$$\sigma(4) = \frac{1}{6}\widetilde{\sigma}(4) = \frac{42}{6} = \boxed{7}$$

$$\widetilde{\sigma}(5) = 5\widetilde{p}(5) - \widetilde{p}(1)\widetilde{\sigma}(4) - \widetilde{p}(2)\widetilde{\sigma}(3) - \widetilde{p}(3)\widetilde{\sigma}(2) - \widetilde{p}(4)\widetilde{\sigma}(1)$$

$$= 5 \cdot 913 + (-6)42 + (-27)24 + (-98)18 + (-315)6$$

$$= 11$$

$$\sigma(5) = \frac{1}{6}\{\widetilde{\sigma}(5) + 25\sigma(1)\}$$

$$= \frac{11 + 25 \cdot 1}{6} = \boxed{6}$$

▶分割数を用いた「σ(n) の漸化式」

「3角数等式」「4角数等式」の流れに沿って、「分割数を用いた σ(n) の漸化式」を見てきました。でも (そんな流れとは無関係に)、じつは次のような漸化式が成り立っています。

（分割数を用いた）σ(n) の漸化式

$$\sigma(n) = np(n) - p(1)\sigma(n-1) - \cdots - p(n-1)\sigma(1)$$
$$= np(n) + \sum_{k=1}^{n-1} -p(k)\sigma(n-k)$$

それでは (今さらながらの感はありますが)、上の漸化式を出していきましょう。今回も、次の式から始めます。

$$-x\Phi'(x) = \Phi(x) \cdot F(x)$$

この両辺を $(\Phi(x))^2$ で割ると、次になります。

$$x \cdot -\frac{\Phi'(x)}{(\Phi(x))^2} = \frac{1}{\Phi(x)} \cdot F(x)$$

右辺の $\dfrac{1}{\Phi(x)}$ は、そもそも分割数を考察するきっかけとなったもので、次の通りです。（p57 参照）

$$\frac{1}{\Phi(x)} = \sum_{n=0}^{\infty} p(n)x^n$$

左辺は次の通り、この式を微分して x をかけたものです。

$$-\frac{\Phi'(x)}{\left(\Phi(x)\right)^2} = \sum_{n=1}^{\infty} np(n)x^{n-1}$$

$$x \cdot -\frac{\Phi'(x)}{\left(\Phi(x)\right)^2} = \sum_{n=1}^{\infty} np(n)x^n$$

先ほどの（両辺を入れかえた）$\dfrac{1}{\Phi(x)} \cdot F(x) = x \cdot -\dfrac{\Phi'(x)}{\left(\Phi(x)\right)^2}$
は、次のようになってきます。

$$(F(x) = \sigma(1)x + \sigma(2)x^2 + \sigma(3)x^3 + \cdots\cdots)$$

$$\{1 + p(1)x + p(2)x^2 + p(3)x^3 + \cdots\cdots\}$$
$$\times \{\sigma(1)x + \sigma(2)x^2 + \sigma(3)x^3 + \cdots\cdots\}$$
$$= p(1)x + 2p(2)x^2 + 3p(3)x^3 + \cdots\cdots$$

　ここから先はいつものように、両辺の「x^n の係数」が等しいことを利用して $\sigma(n)$ を求めていきます。

n	1	2	3	4	5	6	7	8	9
$p(n)$	1	2	3	5	7	11	15	22	30

$\boxed{x^1 \text{ の係数}}$

$$\boxed{\sigma(1) = p(1)}$$
$$= 1$$

$\boxed{x^2 \text{ の係数}}$

$$\sigma(2) + p(1)\sigma(1) = 2p(2)$$
$$\boxed{\sigma(2) = \boldsymbol{2p(2)} - p(1)\sigma(1)}$$
$$= 2 \cdot 2 + (-1)1 = 3$$

$\boxed{x^3 \text{ の係数}}$

$$\sigma(3) + p(1)\sigma(2) + p(2)\sigma(1) = 3p(3)$$
$$\boxed{\sigma(3) = \boldsymbol{3p(3)} - p(1)\sigma(2) - p(2)\sigma(1)}$$
$$= 3 \cdot 3 + (-1)3 + (-2)1 = 4$$

$\boxed{x^4 \text{ の係数}}$

$$\sigma(4) + p(1)\sigma(3) + p(2)\sigma(2) + p(3)\sigma(1) = 4p(4)$$
$$\boxed{\sigma(4) = \boldsymbol{4p(4)} - p(1)\sigma(3) - p(2)\sigma(2) - p(3)\sigma(1)}$$
$$= 4 \cdot 5 + (-1)4 + (-2)3 + (-3)1 = 7$$

以下同様にして、$\sigma(n)$ は次のようになります。

（分割数を用いた）σ(n) の漸化式

$$\sigma(n) = np(n) - p(1)\sigma(n-1) - \cdots - p(n-1)\sigma(1)$$
$$= np(n) + \sum_{k=1}^{n-1} -p(k)\sigma(n-k)$$

すでに、σ(1) = 1、σ(2) = 3、σ(3) = 4、σ(4) = 7 まで求めました。

n	1	2	3	4	5	6	7	8	9
$p(n)$	1	2	3	5	7	11	15	22	30
$\sigma(n)$	1	3	4	7					

問 上の漸化式を用いて σ(5)、σ(6) を求めましょう。

$$\sigma(5) = 5p(5) - p(1)\sigma(4) - p(2)\sigma(3) - p(3)\sigma(2) - p(4)\sigma(1)$$
$$= 5 \cdot 7 + (-1)7 + (-2)4 + (-3)3 + (-5)1$$
$$= \boxed{6}$$

$$\sigma(6) = 6p(6) - p(1)\sigma(5) - p(2)\sigma(4) - p(3)\sigma(3) - p(4)\sigma(2)$$
$$\qquad - p(5)\sigma(1)$$
$$= 6 \cdot 11 + (-1)6 + (-2)7 + (-3)4 + (-5)3 + (-7)1$$
$$= \boxed{12}$$

分割数 $p(n)$ と約数の和 $\sigma(n)$ って「不思議な関係」ね。

 オイラー関数という仲人が、出しゃばらないのがいいな。

コラムⅢ 　等式「$np(n) = \sum\limits_{k=1}^{n} \sigma(k)p(n-k)$」

次の等式は、p134 で取り上げたものです。

$$\sigma(n) = np(n) + \sum_{h=1}^{n-1} -p(h)\sigma(n-h)$$

この両辺を入れかえて移項すると、次の通りです。$(p(0) = 1)$

$$np(n) = \sum_{h=0}^{n-1} \sigma(n-h)p(h)$$

$$np(n) = \sum_{k=1}^{n} \sigma(k)p(n-k)$$

これから上の等式を、$n = 6$ を例に具体的に見てみましょう。
整数「6」の分割は次の通りで、$p(6) = 11$ です。

$$6 = 6 \qquad\qquad 6 = 3 + 3 \qquad\qquad 6 = 2 + 2 + 2$$

$$6 = 5 + 1 \qquad\quad 6 = 3 + 2 + 1 \qquad\quad 6 = 2 + 2 + 1 + 1$$

$$6 = 4 + 2 \qquad\quad 6 = 3 + 1 + 1 + 1 \qquad 6 = 2 + 1 + 1 + 1 + 1$$

$$6 = 4 + 1 + 1 \qquad\qquad\qquad\qquad\qquad 6 = 1 + 1 + 1 + 1 + 1 + 1$$

　まず上記の左辺の総和は、6 が $p(6)$ 個あるので、**$6p(6)$** です。これから上記の右辺の総和を、順に求めていきましょう。

｜「1」の総和｜　 ⬅　$1 \times$（1 の個数）

　次の最後（右端）にある ｜1｜ は、残り（青い数）が（$6 - 1 =$）「5」の分割になっていて、**$p(5) = 7$**（個）あります。

$$6 = 6 \qquad\qquad 6 = 3 + 3 \qquad\qquad 6 = 2 + 2 + 2$$

$$6 = 5 + \boxed{1} \qquad\quad 6 = 3 + 2 + \boxed{1} \qquad\quad 6 = 2 + 2 + 1 + \boxed{1}$$

$$6 = 4 + 2 \qquad\quad 6 = 3 + 1 + 1 + \boxed{1} \qquad 6 = 2 + 1 + 1 + 1 + \boxed{1}$$

$$6 = 4 + 1 + \boxed{1} \qquad\qquad\qquad\qquad\quad 6 = 1 + 1 + 1 + 1 + 1 + \boxed{1}$$

　ここで、数え終わった ｜1｜ は消しておきます。

　さらに（消した残りの）最後（右端）にある ｜1｜ は、残り（青い数）が（$6 - 1 - 1 =$）「4」の分割になっていて、**$p(4) = 5$**（個）あります。

$$6 = 6 \qquad\qquad 6 = 3 + 3 \qquad\qquad 6 = 2 + 2 + 2$$
$$6 = 5 + \cancel{1} \qquad 6 = 3 + 2 + \cancel{1} \qquad 6 = 2 + 2 + \boxed{1} + \cancel{1}$$
$$6 = 4 + 2 \qquad 6 = 3 + 1 + \boxed{1} + \cancel{1} \qquad 6 = 2 + 1 + 1 + \boxed{1} + \cancel{1}$$
$$6 = 4 + \boxed{1} + \cancel{1} \qquad\qquad\qquad 6 = 1 + 1 + 1 + 1 + \boxed{1} + \cancel{1}$$

　さらに（消した残りの）最後（右端）にある$\boxed{1}$は、残り（青い数）が$(6-1-1-1=)$「3」の分割になっていて、$p(3) = 3$（個）あります。

$$6 = 6 \qquad\qquad 6 = 3 + 3 \qquad\qquad 6 = 2 + 2 + 2$$
$$6 = 5 + \cancel{1} \qquad 6 = 3 + 2 + \cancel{1} \qquad 6 = 2 + 2 + \cancel{1} + \cancel{1}$$
$$6 = 4 + 2 \qquad 6 = 3 + \boxed{1} + \cancel{1} + \cancel{1} \qquad 6 = 2 + 1 + \boxed{1} + \cancel{1} + \cancel{1}$$
$$6 = 4 + \cancel{1} + \cancel{1} \qquad\qquad\qquad 6 = 1 + 1 + 1 + \boxed{1} + \cancel{1} + \cancel{1}$$

　この調子で数えていくと、ついに「1」は$(6-1-1-1-1-1-1=0)$ $p(0) = 1$（個）となって、「1」の総和は「$p(5) + p(4) + p(3) + p(2) + p(1) + p(0)$」となります。

　これで「1」はすべて数え終わったので、「1」を復活させて元の「6」の分割に戻しておきます。

$\boxed{\text{「2」の総和}}$ ⬅ $2 \times$（2の個数）

　次の最後（右端）にある$\boxed{2}$は、残り（青い数）が$(6-2=)$「4」の分割になっていて、$p(4) = 5$（個）あります。

$$6 = 6 \qquad\qquad 6 = 3+3 \qquad\qquad 6 = 2+2+\boxed{2}$$
$$6 = 5+1 \qquad\qquad 6 = 3+\boxed{2}+1 \qquad\quad 6 = 2+\boxed{2}+1+1$$
$$6 = 4+\boxed{2} \qquad\quad 6 = 3+1+1+1 \qquad 6 = \boxed{2}+1+1+1+1$$
$$6 = 4+1+1 \qquad\qquad\qquad\qquad\qquad\quad 6 = 1+1+1+1+1+1$$

　ここでも、数え終わった$\boxed{2}$は消しておきます。さらに（消した残りの）最後（右端）にある$\boxed{2}$は、残り（青い数）が$(6-2-2=)$「2」の分割になっていて、$p(2)=2$（個）あります。

$$6 = 6 \qquad\qquad 6 = 3+3 \qquad\qquad 6 = 2+\boxed{2}+\cancel{2}$$
$$6 = 5+1 \qquad\qquad 6 = 3+\cancel{2}+1 \qquad\quad 6 = \boxed{2}+\cancel{2}+1+1$$
$$6 = 4+\cancel{2} \qquad\quad 6 = 3+1+1+1 \qquad 6 = \cancel{2}+1+1+1+1$$
$$6 = 4+1+1 \qquad\qquad\qquad\qquad\qquad\quad 6 = 1+1+1+1+1+1$$

　すると、ついに「2」は$(6-2-2-2=0)$ $p(0)=1$（個）となって、「2」の総和は「$2(p(4)+p(2)+p(0))$」となります。

　以下同様にして、次の通りです。

$\boxed{\text{「3」の総和}}$ ⟵ $(6-3=3,\ 3-3=0)$ 「$3(p(3)+p(0))$」

$\boxed{\text{「4」の総和}}$ ⟵ $(6-4=2)$ 「$4p(2)$」

$\boxed{\text{「5」の総和}}$ ⬅ $(6-5=1)$ 「$5p(1)$」

$\boxed{\text{「6」の総和}}$ ⬅ $(6-6=0)$ 「$6p(0)$」

結局のところ、右辺の総和は次のようになります。

$$
\begin{array}{llllll}
\boxed{\begin{array}{l} p(5) \end{array}} + & \boxed{\begin{array}{l} p(4) \\ +2p(4) \end{array}} + & \boxed{\begin{array}{l} p(3) \\ \\ +3p(3) \end{array}} + & \boxed{\begin{array}{l} p(2) \\ +2p(2) \\ \\ +4p(2) \end{array}} + & \boxed{\begin{array}{l} p(1) \\ \\ \\ \\ +5p(1) \end{array}} + & \boxed{\begin{array}{l} p(0) \\ +2p(0) \\ +3p(0) \\ \\ \\ +6p(0) \end{array}}
\end{array}
$$

つまり右辺の総和は（横にたしていたのを縦にたすと）

「$\sigma(1)p(5) + \sigma(2)p(4) + \sigma(3)p(3) + \sigma(4)p(2) + \sigma(5)p(1) + \sigma(6)p(0)$」

となってきます。

左辺の総和「$6p(6)$」と、右辺の総和「上記」が等しいことから、次が成り立つというわけです。

$$6p(6) = \sum_{k=1}^{6} \sigma(k)p(6-k)$$

2	3	5	7	11	13	17	19	23	29
31	37	41	43	47	53	59	61	67	71
73	79	83	89	97	101	103	107	109	113
127	131	137	139	149	151	157	163	167	173
179	181	191	193	197	199	211	223	227	229
233	239	241	251	257	263	269	271	277	281
283	293	307	311	313	317	331	337	347	349
353	359	367	373	379	383	389	397	401	409
419	421	431	433	439	443	449	457	461	463
467	479	487	491	499	503	509	521	523	541
547	557	563	569	571	577	587	593	599	601
607	613	617	619	631	641	643	647	653	659
661	673	677	683	691	701	709	719	727	733
739	743	751	757	761	769	773	787	797	809
811	821	823	827	829	839	853	857	859	863
877	881	883	887	907	911	919	929	937	941
947	953	967	971	977	983	991	997	1009	1013

∞ ∞

同じ図を見ても、解釈の仕方は……?

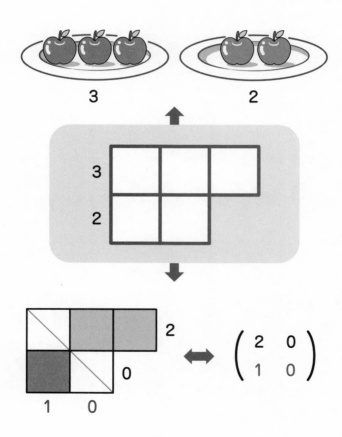

8節 ヤコビの3重積公式

▶ヤコビの3重積公式

　「オイラーの5角数定理」も「ガウスの3角数等式・4角数等式」も、じつは（その後に発見された）次の「ヤコビの3重積公式」から出てきます。（これまでの実数xは、複素数qとなってきます。）

ヤコビの3重積公式

$|q| < 1$、$z \neq 0$ に対し
$$\prod_{n=1}^{\infty} (1-q^n)(1+zq^n)(1+z^{-1}q^{n-1}) = \sum_{n=-\infty}^{\infty} z^n q^{\frac{n(n+1)}{2}}$$

 z^{-1} は $\dfrac{1}{z}$ のことで、あと z を1個かけたら1だよね。

 z^{-2} は $\dfrac{1}{z^2}$ で、かけて1には…z が2個たりないのよ。

 $\displaystyle\prod_{n=1}^{\infty} (1-q^n)$ は、これまでに見たような気がするけど。

 $\displaystyle\prod_{n=1}^{\infty} (1+zq^n)(1+z^{-1}q^{n-1})$ の正体も、後で分かるさ。
そこで（証明は飛ばして）p151 に進むのもお勧めだよ。

オイラー関数 $\Phi(x) = \prod\limits_{k=1}^{\infty}(1-x^k)$ を用いると、「ヤコビの 3 重積公式」は次のようになります。

$$\prod_{n=1}^{\infty}(1+zq^n)(1+z^{-1}q^{n-1}) = \frac{1}{\Phi(q)}\sum_{n=-\infty}^{\infty}z^n q^{\frac{n(n+1)}{2}}$$

$$\left[\frac{1}{\Phi(q)} = \sum_{n=0}^{\infty}p(n)q^n\right]$$

まず左辺を $(z$ の関数とみて$)J(z)$ とします。

$$J(z) = \prod_{n=1}^{\infty}(1+zq^n)(1+z^{-1}q^{n-1})$$

この $J(z)$ を $z=0$ を中心としてローラン展開$(\cdots,\ z^{-2},\ z^{-1}$ 等の負べきが入った展開$)$ したものを、次のようにします。

$$J(z) = \sum_{n=-\infty}^{\infty}A_n(q)z^n \quad (z \neq 0)$$

この先、$A_n(q) = \dfrac{1}{\Phi(q)}q^{\frac{n(n+1)}{2}}$ となることを示していきます。

まずは $J(zq)$ を調べます。$(z$ を zq にします。$)$

$$J(zq) = \prod_{n=1}^{\infty} (1 + zqq^n)(1 + z^{-1}q^{-1}q^{n-1})$$

$$= \prod_{n=1}^{\infty} (1 + zq^{n+1})(1 + z^{-1}q^{n-2})$$

$$= \prod_{n=1}^{\infty} (1 + zq^{n+1}) \cdot \prod_{n=1}^{\infty} (1 + z^{-1}q^{n-2})$$

$$= \prod_{k=2}^{\infty} (1 + zq^k) \cdot (1 + z^{-1}q^{-1}) \prod_{n=2}^{\infty} (1 + z^{-1}q^{n-2})$$

$$= \prod_{k=2}^{\infty} (1 + zq^k) \cdot z^{-1}q^{-1}(zq + 1) \prod_{k=1}^{\infty} (1 + z^{-1}q^{k-1})$$

$$= z^{-1}q^{-1} \prod_{k=2}^{\infty} (1 + zq^k)(1 + zq) \cdot \prod_{k=1}^{\infty} (1 + z^{-1}q^{k-1})$$

$$= z^{-1}q^{-1} \prod_{k=1}^{\infty} (1 + zq^k) \cdot \prod_{k=1}^{\infty} (1 + z^{-1}q^{k-1})$$

$$= z^{-1}q^{-1} \prod_{k=1}^{\infty} (1 + zq^k)(1 + z^{-1}q^{k-1})$$

$$= z^{-1}q^{-1}J(z)$$

つまり、次が成り立つということです。

$$\sum_{n=-\infty}^{\infty} A_n(q)(qz)^n = z^{-1}q^{-1} \sum_{n=-\infty}^{\infty} A_n(q)z^n$$

$$\sum_{n=-\infty}^{\infty} q^n A_n(q)z^n = \sum_{n=-\infty}^{\infty} q^{-1}A_n(q)z^{n-1}$$

この両辺の「z^{n-1} の係数」が等しいことから、次が出てきます。

$$q^{n-1}A_{n-1}(q) = q^{-1}A_n(q)$$

$$q^n A_{n-1}(q) = A_n(q)$$

（右辺と左辺を入れかえて）これを繰り返し用いると、

$$
\begin{aligned}
A_n(q) &= q^n A_{n-1}(q) \\
&= q^n q^{n-1} A_{n-2}(q) \\
&\cdots\cdots\cdots\cdots\cdots \\
&= q^n q^{n-1} \cdots\cdots q^1 A_0(q) \\
&= q^{\frac{n(n+1)}{2}} A_0(q)
\end{aligned}
$$

結局のところ、$A_n(q) = \dfrac{1}{\Phi(q)} q^{\frac{n(n+1)}{2}}$ を示すには、

$$A_0(q) = \frac{1}{\Phi(q)}$$

を示すことになったのです。

それでは、次の $J(z)$ を展開したときの「z^0 の係数」$A_0(q)$ を求めていきましょう。

$$J(z) = \prod_{n=1}^{\infty} (1 + zq^n)(1 + z^{-1}q^{n-1})$$

$$= \prod_{n=1}^{\infty} (1 + (zq)q^{n-1}) \times \prod_{n=1}^{\infty} (1 + z^{-1}q^{n-1})$$

$$= \{(1 + (zq)q^0)(1 + (zq)q^1)(1 + (zq)q^2)\cdots\cdots\} \leftarrow \boxed{上}$$

$$\times \{(1 + z^{-1}q^0)(1 + z^{-1}q^1)(1 + z^{-1}q^2)\cdots\cdots\} \leftarrow \boxed{下}$$

さて、この式を展開したときに、「z^0」が現れるのはどういう場合でしょうか。

$\boxed{上}$ の方から、「1」以外の項をどれか 1 個選んだときは、

$$\{(\boxed{1} + (zq)q^0)(1 + \boxed{(zq)q^1})(\boxed{1} + (zq)q^2)\cdots\cdots\}$$

$\boxed{下}$ の方からも、「1」以外の項をどれか 1 個選んでかけます。

$$\{(\boxed{1} + z^{-1}q^0)(\boxed{1} + z^{-1}q^1)(1 + \boxed{z^{-1}q^2})\cdots\cdots\}$$

$\boxed{上}$ の方から「1」以外の項を 2 個選んだなら、$\boxed{下}$ の方からも「1」以外の項を 2 個選ぶことになります。

つまり、$\boxed{上}$ の方から「1」以外の項を $(zq)q^{a_1}$、$(zq)q^{a_2}$、$\cdots\cdots$、$(zq)q^{a_s}$ と s 個選んだなら、$\boxed{下}$ の方からも「1」以外の項を $z^{-1}q^{b_1}$、$z^{-1}q^{b_2}$、$\cdots\cdots$、$z^{-1}q^{b_s}$ と同じ s 個だけ選ぶことになります。

それらをかけると、「z^0 の係数」(z^0 の同類項の１つ）として、次が１つ出てくるのです。

$$1q^s q^{a_1+a_2+\cdots+a_s}q^{b_1+b_2+\cdots+b_s}) = 1q^n$$

$$\boxed{s+(a_1+a_2+\cdots+a_s)+(b_1+b_2+\cdots+b_s) = n}$$

（q の指数に着目すると）「n」の（上記のような）表し方が１つ出てくるということです。

問題は、こうして出てくる「n」の表し方が、はたして（本物の）「n の分割」と１対１対応しているのか、ということですね。

そこさえクリアできたならば、$1q^n$ となる項が $p(n)$ 個出てきて $p(n)q^n$ となり、z^0 の同類項をたし合わせた「z^0 の係数」$A_0(q)$ は、それらを全部たし合わせた $\sum\limits_{n=0}^{\infty} p(n)q^n$ となります。

その $\sum\limits_{n=0}^{\infty} p(n)q^n$ は、（p57 で見たように）

$$\sum_{n=0}^{\infty} p(n)q^n = \frac{1}{\Phi(q)}$$

でしたね。つまり、これにて終了となるのです。

このクリアすべきことを保証するのが、これから見ていく分割のフロベニウス記法です。

　まずは分割のヤング図形（フェラーズ盤）を、「5」の分割を例に見てみましょう。　($p(5)=7$)

$5=5$　　　　　　　　$5=3+2$　　　　　　　$5=2+2+1$

$5=4+1$　　　　　　　$5=3+1+1$　　　　　$5=2+1+1+1$

　　　　　　　　　　　　　　　　　　　　　　　　$5=1+1+1+1+1$

　これらの分割を、正方形の**コマ**を**横**に並べて図示したものが、ヤング図形（フェラーズ盤）です。

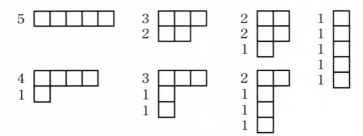

　同じヤング図形を、（今度は横に見るのではなく）次のように「共通（＼）・横・縦」の3つに分けて見ることにします。

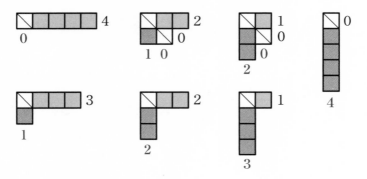

これらを（横を上に、縦を下に並べて）フロベニウス記法で記すと、次のようになります。

$5 = 5$
$\downarrow$
$\begin{pmatrix} 4 \\ 0 \end{pmatrix}$

$5 = 3 + 2$
$\downarrow$
$\begin{pmatrix} 2 & 0 \\ 1 & 0 \end{pmatrix}$

$5 = 2 + 2 + 1$
$\downarrow$
$\begin{pmatrix} 1 & 0 \\ 2 & 0 \end{pmatrix}$

$5 = 4 + 1$
$\downarrow$
$\begin{pmatrix} 3 \\ 1 \end{pmatrix}$

$5 = 3 + 1 + 1$
$\downarrow$
$\begin{pmatrix} 2 \\ 2 \end{pmatrix}$

$5 = 2 + 1 + 1 + 1$
$\downarrow$
$\begin{pmatrix} 1 \\ 3 \end{pmatrix}$

$5 = 1 + 1 + 1 + 1 + 1$
$\downarrow$
$\begin{pmatrix} 0 \\ 4 \end{pmatrix}$

「5」の分割で、$5 = 3 + 2$ に $\begin{pmatrix} 2 & 0 \\ 1 & 0 \end{pmatrix}$ を対応させるのは、斜めの共通のコマをのぞいて、横と縦に分けて数えるだけです。

それでは、逆に $\begin{pmatrix} 2 & 0 \\ 1 & 0 \end{pmatrix}$ に $5 = 3 + 2$ を対応させるには、どうすればよいのでしょうか。

それには $\begin{pmatrix} 2 & 0 \\ 1 & 0 \end{pmatrix}$ は上下 2 個ずつ並んでいるので、斜めに共通のコマ 2 個を加えて復元し、（改めて）横に数えるだけです。

この対応は可逆で、1 対 1 対応なのです。

このフロベニウス記法に、p 147 上の「n」の表し方（$n=5$）を対応させると、次のようになります。（$s=②$ で、「2　0」を $(0+2)$ と小さい順に並べかえています。）

$$\begin{pmatrix} 2 & 0 \\ 1 & 0 \end{pmatrix} \quad \longleftrightarrow \quad ② + (0+2) + (0+1) = 5$$

$$\updownarrow$$

$$\{(1+\boxed{(zq^{①})q^0})(\boxed{1}+(zq)q^1)(1+\boxed{(zq^{①})q^2})\cdots\cdots\}$$
$$\times \{(1+\boxed{z^{-1}q^0})(1+\boxed{z^{-1}q^1})(\boxed{1}+z^{-1}q^2)\cdots\cdots\}$$

それでは、いよいよ先ほどの続きです。

$$\begin{pmatrix} a_s & \cdots & a_2 & a_1 \\ b_s & \cdots & b_2 & b_1 \end{pmatrix}$$

$$\updownarrow$$

$$ⓢ + (a_1 + a_2 + \cdots + a_s) + (b_1 + b_2 + \cdots + b_s) = n$$

上の「n」の表し方は、Ⓢは共通（＼）、$(a_1 + a_2 + \cdots + a_s)$ は**横**、$(b_1 + b_2 + \cdots + b_s)$ は**縦**のコマからきています。つまりフロベニウス記法を（小さい順に並べかえて）1行で表したもので、「n の分割」と1対1対応しているのです。

　ようやくこれで「z^0 の係数」$A_0(q)$ は、$\displaystyle\sum_{n=0}^{\infty} p(n)q^n$ つまり $\dfrac{1}{\Phi(q)}$ と判明しました。

▶ ガウスの3角数等式を出そう

「ヤコビの3重積公式」って複雑ね。どう使うのかしら。

「オイラーの5角数定理」もガウスの結果も出てくるよ。

　（歴史の流れとは異なりますが）「ヤコビの3重積公式」から、まずは「ガウスの3角数等式」を出してみましょう。
　それには次の「ヤコビの3重積公式」において、$z=1$ とするだけです。「3角数等式」は、他と異なり（$n = -\infty$ からではなく）$n=0$ からとなっていますね。このため q や z の置きかえも、他の多角数とは別にして考えます。（見やすさのために、ここからは「ヤコビの3重積公式」を繰り返し再掲します。）

$$\prod_{n=1}^{\infty} (1-q^n)(1+zq^n)(1+z^{-1}q^{n-1}) = \sum_{n=-\infty}^{\infty} z^n \, q^{\frac{n(n+1)}{2}}$$

右辺

$$\sum_{n=-\infty}^{\infty} 1^n \, q^{\frac{n(n+1)}{2}} = \sum_{n=-\infty}^{\infty} q^{\frac{n(1\,n+1)}{2}}$$

$$= \cdots + q^3 + q^1 + q^0 + q^0 + q^1 + q^3 + \cdots$$

$$= 2 \sum_{n=0}^{\infty} q^{\frac{n(1\,n+1)}{2}}$$

左辺

$$\prod_{n=1}^{\infty} (1-q^n)(1+1q^n)(1+1q^{n-1})$$

$$= \prod_{n=1}^{\infty} (1-q^n)(1+q^n)(1+q^{n-1})$$

$$= \prod_{n=1}^{\infty} (1-q^{2n})(1+q^{n-1})$$

$$= \prod_{n=1}^{\infty} (1-q^{2n}) \times \prod_{n=1}^{\infty} (1+q^{n-1})$$

$$= (1-q^2)(1-q^4)(1-q^6)\cdots\cdots$$
$$\times (1+q^0)(1+q^1)(1+q^2)(1+q^3)\cdots\cdots$$

$$= (1-q^2)(1-q^4)(1-q^6)\cdots\cdots$$
$$\times 2\frac{\left(1+q^1\right)\left(1-q^1\right)}{\left(1-q^1\right)}\frac{\left(1+q^2\right)\left(1-q^2\right)}{\left(1-q^2\right)}\frac{\left(1+q^3\right)\left(1-q^3\right)}{\left(1-q^3\right)}\cdots\cdots$$

$$= (1-q^2)(1-q^4)(1-q^6)\cdots\cdots$$
$$\times 2\frac{\left(1-q^2\right)}{\left(1-q^1\right)}\frac{\left(1-q^4\right)}{\left(1-q^2\right)}\frac{\left(1-q^6\right)}{\left(1-q^3\right)}\cdots\cdots$$

$$= 2\frac{\left(1-q^{2\cdot1}\right)^2}{\left(1-q^1\right)}\frac{\left(1-q^{2\cdot2}\right)^2}{\left(1-q^2\right)}\frac{\left(1-q^{2\cdot3}\right)^2}{\left(1-q^3\right)}\cdots\cdots$$

$$= 2\frac{\left\{\Phi\left(q^2\right)\right\}^2}{\Phi\left(q\right)}$$

$$2\sum_{n=0}^{\infty}q^{\frac{n(n+1)}{2}} = 2\frac{\left\{\Phi\left(q^2\right)\right\}^2}{\Phi\left(q\right)}$$

$$\Longrightarrow \quad \sum_{n=0}^{\infty}q^{\frac{n(n+1)}{2}} = \frac{\left\{\Phi\left(q^2\right)\right\}^2}{\Phi\left(q\right)}$$

▶ガウスの4角数等式を出そう

今度は「ヤコビの3重積公式」から、「ガウスの4角数等式」を
出してみましょう。

それには次の「ヤコビの3重積公式」において、q を q^2、z を
$-q^{-1}$ で置きかえます。（ここからは一貫性があります。）

$$\prod_{n=1}^{\infty}(1-q^n)(1+zq^n)(1+z^{-1}q^{n-1}) = \sum_{n=-\infty}^{\infty} z^n q^{\frac{n(n+1)}{2}}$$

[右辺]

$$\sum_{n=-\infty}^{\infty}(-q^{-1})^n q^{2\frac{n(n+1)}{2}} = \sum_{n=-\infty}^{\infty}(-1)^n q^{\frac{-2n+n(2n+2)}{2}}$$

$$= \sum_{n=-\infty}^{\infty}(-1)^n q^{\frac{n(2n+0)}{2}}$$

$$= \sum_{n=-\infty}^{\infty}(-1)^n q^{n^2}$$

[左辺]

$$\prod_{n=1}^{\infty}(1-q^{2n})(1-q^{-1}q^{2n})(1-qq^{2(n-1)})$$

$$= \prod_{n=1}^{\infty}(1-q^{2n})(1-q^{2n-1})(1-q^{2n-1})$$

$$= \prod_{n=1}^{\infty} (1-q^{2n-1})^2 (1-q^{2n})$$

$$= \prod_{n=1}^{\infty} (1-q^{2n-1})^2 (1-q^{2n})^2 \times \frac{1}{(1-q^{2n})}$$

$$= (1-q^1)^2(1-q^2)^2(1-q^3)^2(1-q^4)^2 \cdots\cdots$$

$$\times \frac{1}{(1-q^{2\cdot1})} \frac{1}{(1-q^{2\cdot2})} \frac{1}{(1-q^{2\cdot3})} \cdots\cdots$$

$$= \frac{\{\Phi(q)\}^2}{\Phi(q^2)}$$

▶オイラーの5角数定理を出そう

今度は「ヤコビの3重積公式」から、「オイラーの5角数定理」を出しましょう。

それには次の「ヤコビの3重積公式」において、q を q^3、z を $-q^{-2}$ で置きかえます。（先ほどと一貫性がありますね。）

$$\prod_{n=1}^{\infty} (1-q^n)(1+zq^n)(1+z^{-1}q^{n-1}) = \sum_{n=-\infty}^{\infty} z^n q^{\frac{n(n+1)}{2}}$$

$$\sum_{n=-\infty}^{\infty} (-q^{-2})^n q^{3\frac{n(n+1)}{2}} = \sum_{n=-\infty}^{\infty} (-1)^n \ q^{\frac{-4n+n(3n+3)}{2}}$$

$$= \sum_{n=-\infty}^{\infty} (-1)^n \ q^{\frac{n(3n-1)}{2}}$$

$$\prod_{n=1}^{\infty} (1-q^{3n})(1-q^{-2}q^{3n})(1-q^2 q^{3(n-1)})$$

$$= \prod_{n=1}^{\infty} (1-q^{3n})(1-q^{3n-2})(1-q^{3n-1})$$

$$= \prod_{n=1}^{\infty} (1-q^{3n-2})(1-q^{3n-1})(1-q^{3n})$$

$$= (1-q^1)(1-q^2)(1-q^3)(1-q^4)(1-q^5)(1-q^6)\cdots$$

$$= \prod_{m=1}^{\infty} (1-q^m)$$

$$= \Phi(q)$$

9節 6角数等式・8角数等式から「不思議な式」へ

▶6角数等式・8角数等式を出そう

こうなると「ヤコビの3重積公式」から、他の「多角数等式」も出てくるのではないかと思いますよね。（一貫性を手がかりにして…）

 多角数は、小石を3角形や4角形や5角形に並べた数ね。

 x^n の n が多角数で、「係数」は0や1や−1だったよ。

 「n番目のk角数」なら、コラムⅡで求めてあるわね。

多角数

「n番目のk角数」は

$$\frac{n\left\{(k-2)n-(k-4)\right\}}{2}$$

下記の「ヤコビの3重積公式」において、q を $q^{(k-2)}$ に、z を $-q^{-(k-3)}(k \geq 4)$ に置きかえると、以下のように右辺の q の指数に k 角数 $\dfrac{n\{(k-2)n-(k-4)\}}{2}$ が現れてきます。

$$\prod_{n=1}^{\infty}(1-q^n)(1+zq^n)(1+z^{-1}q^{n-1}) = \sum_{n=-\infty}^{\infty} z^n\, q^{\frac{n(n+1)}{2}}$$

右辺

$$\sum_{n=-\infty}^{\infty}(-q^{-(k-3)})^n q^{(k-2)\frac{n(n+1)}{2}}$$

$$=\sum_{n=-\infty}^{\infty}(-1)^n\, q^{\frac{n\cdot(-2)(k-3)+n\{(k-2)n+(k-2)\}}{2}}$$

$$=\sum_{n=-\infty}^{\infty}(-1)^n\, q^{\frac{n\{(k-2)n-(k-4)\}}{2}}$$

問題は、k 角数の「k が何のとき」……、（うまい具合に）左辺がオイラー関数 $\Phi(q)$ を用いて表されるかだな。

すでに $k = 3$、4、5 の 3 角数、4 角数、5 角数では、次が成り立つことを見てきました。$(0 < |q| < 1)$

$$\frac{\left\{\Phi\left(q^2\right)\right\}^2}{\Phi\left(q\right)} = \sum_{n=0}^{\infty} q^{\frac{n(1n-(-1))}{2}}$$

$$\frac{\left\{\Phi\left(q\right)\right\}^2}{\Phi\left(q^2\right)} = \sum_{n=-\infty}^{\infty} (-1)^n q^{\frac{n(2n-0)}{2}}$$

$$\Phi\left(q\right) = \sum_{n=-\infty}^{\infty} (-1)^n q^{\frac{n(3n-1)}{2}}$$

この他にも、じつは左辺が $\Phi(q)$ で表される場合があるのです。これから見ていきましょう。

 その左辺を $\Phi(q)$ で表すには、式変形が続くのよね。

 何なら（計算は飛ばして）p162 に進むのもお勧めだよ。

まず左辺を、$J(z, q)$ と置きます。

$$J(z, q) = \prod_{n=1}^{\infty} (1 - q^n)(1 + zq^n)(1 + z^{-1}q^{n-1})$$

> **問** $J(-q^{-3}, q^4)$ と $J(-q^{-5}, q^6)$ を、オイラー関数 $\Phi(q)$ を用いて表しましょう。

$\boxed{J(-q^{-3}, q^4)}$

$$\prod_{n=1}^{\infty} (1-q^{4n})(1-q^{-3}q^{4n})(1-q^3 q^{4(n-1)})$$

$$= \prod_{n=1}^{\infty} (1-q^{4n})(1-q^{4n-3})(1-q^{4n-1})$$

$$= \prod_{n=1}^{\infty} (1-q^{4n})(1-q^{4n-3})(1-q^{4n-1})(1-q^{4n-2}) \times \prod_{n=1}^{\infty} \frac{1}{\left(1-q^{4n-2}\right)}$$

$$= \prod_{m=1}^{\infty} (1-q^{m}) \times \prod_{n=1}^{\infty} \frac{1}{\left(1-q^{2(2n-1)}\right)} \times \frac{\left(1-q^{2(2n)}\right)}{\left(1-q^{2(2n)}\right)}$$

$$= \prod_{m=1}^{\infty} (1-q^{m}) \times \prod_{n=1}^{\infty} \frac{1}{\left(1-q^{2(2n-1)}\right)\left(1-q^{2(2n)}\right)} \times \prod_{n=1}^{\infty} (1-q^{2(2n)})$$

$$= \prod_{m=1}^{\infty} (1-q^{m}) \times \prod_{m=1}^{\infty} \frac{1}{\left(1-q^{2m}\right)} \times \prod_{n=1}^{\infty} (1-q^{4n})$$

$$= \frac{\Phi(q)\Phi(q^4)}{\Phi(q^2)}$$

$\boxed{J(-q^{-5}, q^6)}$

$$\prod_{n=1}^{\infty} (1-q^{6n})(1-q^{-5}q^{6n})(1-q^5 q^{6(n-1)})$$

$$= \prod_{n=1}^{\infty} (1-q^{6n})(1-q^{6n-5})(1-q^{6n-1})$$

$$= \prod_{n=1}^{\infty} (1-q^{6n})(1-q^{6n-5})(1-q^{6n-1})(1-q^{6n-2})(1-q^{6n-3})(1-q^{6n-4})$$

$$\times \prod_{n=1}^{\infty} \frac{1}{\left(1-q^{6n-2}\right)\left(1-q^{6n-4}\right)\left(1-q^{6n-3}\right)}$$

$$= \prod_{m=1}^{\infty} (1-q^m) \times \prod_{n=1}^{\infty} \frac{\left(1-q^{2(3n)}\right)}{\left(1-q^{2(3n-1)}\right)\left(1-q^{2(3n-2)}\right)\left(1-q^{2(3n)}\right)}$$

$$\times \prod_{n=1}^{\infty} \frac{\left(1-q^{3(2n)}\right)}{\left(1-q^{3(2n-1)}\right)\left(1-q^{3(2n)}\right)}$$

$$= \prod_{m=1}^{\infty} (1-q^m) \times \prod_{m=1}^{\infty} \frac{1}{\left(1-q^{2m}\right)} \prod_{n=1}^{\infty} (1-q^{6n})$$

$$\times \prod_{m=1}^{\infty} \frac{1}{\left(1-q^{3m}\right)} \prod_{n=1}^{\infty} (1-q^{6n})$$

$$= \Phi(q) \times \frac{1}{\Phi(q^2)} \Phi(q^6) \times \frac{1}{\Phi(q^3)} \Phi(q^6)$$

$$= \frac{\Phi(q)\left\{\Phi(q^6)\right\}^2}{\Phi(q^2)\Phi(q^3)}$$

$$\frac{\Phi(q)\Phi(q^4)}{\Phi(q^2)} = \sum_{n=-\infty}^{\infty} (-1)^n q^{\frac{n(4n-2)}{2}}$$

$$\frac{\Phi(q)\left\{\Phi(q^6)\right\}^2}{\Phi(q^2)\Phi(q^3)} = \sum_{n=-\infty}^{\infty} (-1)^n q^{\frac{n(6n-4)}{2}}$$

　これらを、（ここでは）「6角数等式」「8角数等式」と呼ぶことにします。（下記では、q の指数を約分しています。）

6角数等式

$$\frac{\Phi(q)\Phi(q^4)}{\Phi(q^2)} = \sum_{n=-\infty}^{\infty} (-1)^n q^{n(2n-1)} \quad (0<|q|<1)$$

$$= 1 + \sum_{n=1}^{\infty} (-1)^n \left\{ q^{n(2n-1)} + q^{n(2n-1)+2n} \right\}$$

$$\frac{\Phi(q)\left\{\Phi(q^6)\right\}^2}{\Phi(q^2)\Phi(q^3)} = \sum_{n=-\infty}^{\infty} (-1)^n q^{n(3n-2)} \qquad (0<|q|<1)$$

$$= 1 + \sum_{n=1}^{\infty} (-1)^n \left\{ q^{n(3n-2)} + q^{n(3n-2)+4n} \right\}$$

▶ 6 角数関数を見てみよう

6 角数等式・8 角数等式の関数を、(あくまでもここだけですが)
6 角数関数・8 角数関数と呼ぶことにします。

また変数を q から x に変更して、$U(x)$・$V(x)$ と記すことにします。さらにこれらの「x^n の係数」($n \geq 0$) を $u(n)$・$v(n)$ とします。

$$\frac{\Phi(x)\Phi(x^4)}{\Phi(x^2)} = U(x) = \sum_{n=0}^{\infty} u(n)x^n$$

$$\frac{\Phi(x)\left\{\Phi(x^6)\right\}^2}{\Phi(x^2)\Phi(x^3)} = V(x) = \sum_{n=0}^{\infty} v(n)x^n$$

6角数等式は、次の通りです。（$u(0) = 1$ とします。）

6角数関数の係数 $u(n)$

$$U(x) = \sum_{n=0}^{\infty} u(n)x^n$$

ここで $u(n)$ は、$h = 1,\ 2,\ 3,\ \cdots$ としたとき

$n = h(2h-1),\ h(2h-1)+2h$ では、$u(n) = (-1)^h$

$n \neq$ 〃 では、$u(n) = 0$

今回も $u(n) \neq 0$ となっている $u(n)$ を求めておきましょう。

問 $h = 1,\ 2,\ 3,\ 4,\ 5$ のときの $u(n)$ を求めましょう。

$h = 1$ のとき、$u(1) = -1$、　$u(3) = -1$

$h = 2$ のとき、$u(6) = 1$、　　$u(10) = 1$

$h = 3$ のとき、$u(15) = -1$、$u(21) = -1$

$h = 4$ のとき、$u(28) = 1$、　$u(36) = 1$

$h = 5$ のとき、$u(45) = -1$、$u(55) = -1$

 今回も表にまとめてみたわ。一番下の欄は何かしら。

n	1	2	3	4	5	6	7	8	9	10	11	12	13
$u(n)$	-1	0	-1	0	0	1	0	0	0	1	0	0	0

▶ 「6角数」を用いた素数の見つけ方

　これまで次の式を用いて、オイラー関数 $\Phi(x)$ を約数の和 $\sigma(n)$ に結びつけてきましたね。

$$-x\Phi'(x) = \Phi(x) \cdot F(x)$$

$$F(x) = \sigma(1)x + \sigma(2)x^2 + \sigma(3)x^3 + \cdots\cdots$$

今回も全く同様に、p163 より次を微分します。

$$\Phi(x)\Phi(x^4) = U(x)\Phi(x^2)$$

すると今回もオイラー関数が消えて、次が出てきます。

$$U(x)\left\{F(x) - 2F(x^2) + 4F(x^4)\right\} = -xU'(x)$$

そこで今回は、$\dot{\sigma}(n)$ を次のようにします。

$$\dot{\sigma}(n) = \sigma(n) - 2\sigma\left(\frac{n}{2}\right) + 4\sigma\left(\frac{n}{4}\right)$$

（ただし $\sigma(x)$ は x が整数でないときは **0** とします）

するとこの先も全く同様にして、$\dot{\sigma}(n)$ は次のようになります。

$$\dot{\sigma}(n) = -\boldsymbol{nu(n)} - u(1)\,\dot{\sigma}(n-1) - \cdots - u(n-1)\,\dot{\sigma}(1)$$

$$= -\boldsymbol{nu(n)} + \sum_{k=1}^{n-1} -u(k)\,\dot{\sigma}(n-k)$$

問

$\dot{\sigma}(n)$ の漸化式を用いて、次を求めましょう。

$\dot{\sigma}(1)$ ， $\dot{\sigma}(2)$ ， $\dot{\sigma}(3)$ ， $\dot{\sigma}(4)$ ，

$\dot{\sigma}(5)$ ， $\dot{\sigma}(6)$ ， $\dot{\sigma}(7)$ ， $\dot{\sigma}(8)$

（$u(8)$ まででは）$\underline{u(1) = -1、u(3) = -1、u(6) = 1}$ の他は $u(n) = 0$
です。

$$\dot{\sigma}(1) = -1u(\mathbf{1}) = (-1)(-1) = 1$$

$$\dot{\sigma}(2) = -2u(\mathbf{2}) - u(\mathbf{1})\dot{\sigma}(1) = 1 \cdot 1 = 1$$

$$\dot{\sigma}(3) = -3u(\mathbf{3}) - u(\mathbf{1})\dot{\sigma}(2) = (-3)(-1) + 1 \cdot 1 = 4$$

$$\dot{\sigma}(4) = -4u(\mathbf{4}) - u(\mathbf{1})\dot{\sigma}(3) - u(\mathbf{3})\dot{\sigma}(1)$$
$$= 1 \cdot 4 + 1 \cdot 1 = 5$$

$$\dot{\sigma}(5) = -5u(\mathbf{5}) - u(\mathbf{1})\dot{\sigma}(4) - u(\mathbf{3})\dot{\sigma}(2)$$
$$= 1 \cdot 5 + 1 \cdot 1 = 6$$

$$\dot{\sigma}(6) = -6u(\mathbf{6}) - u(\mathbf{1})\dot{\sigma}(5) - u(\mathbf{3})\dot{\sigma}(3)$$
$$= (-6) \cdot 1 + 1 \cdot 6 + 1 \cdot 4 = 4$$

$$\dot{\sigma}(7) = -7u(\mathbf{7}) - u(\mathbf{1})\dot{\sigma}(6) - u(\mathbf{3})\dot{\sigma}(4) - u(\mathbf{6})\dot{\sigma}(1)$$
$$= 1 \cdot 4 + 1 \cdot 5 + (-1) \cdot 1 = 8$$

$$\dot{\sigma}(8) = -8u(\mathbf{8}) - u(\mathbf{1})\dot{\sigma}(7) - u(\mathbf{3})\dot{\sigma}(5) - u(\mathbf{6})\dot{\sigma}(2)$$
$$= 1 \cdot 8 + 1 \cdot 6 + (-1) \cdot 1 = 13$$

n	1	2	3	4	5	6	7	8	9	10	11	12	13
$u(n)$	-1	0	-1	0	0	1	0	0	0	1	0	0	0
$\dot{\sigma}(n)$	1	1	4	5	6	4	8	13	13	6	12	20	14

 素数を見つけるには、$\dot{\sigma}(n) = n + 1$ となる n に着目ね。

 偶数の素数は見つからないけど、「2」だけだからいいよ。

p が（正の）奇数のとき

$$p \text{ が素数である} \quad \Longleftrightarrow \quad \dot{\sigma}(p) = p + 1$$

$\sigma(n)$ は、$\dot{\sigma}(n)$ の決め方から、次の通りです。

$$\sigma(n) = \dot{\sigma}(n) + 2\sigma\left(\frac{n}{2}\right) - 4\sigma\left(\frac{n}{4}\right)$$

（ただし $\sigma(x)$ は x が**整数でない**ときは **0** とします）

 n が奇数なら $\sigma(n) = \dot{\sigma}(n)$ で、$\dot{\sigma}(n)$ は約数の和だね。

 n が偶数のときは、もし $\sigma(n)$ を求めたいなら、n より 小さい $\dfrac{n}{2}$ と $\dfrac{n}{4}$ の（$\dot{\sigma}$ ではなく）σ で調整するのさ。

問 p167 の表を見て、$\sigma(8)$ を求めましょう。

$$\sigma(8) = \dot{\sigma}(8) + 2\sigma(4) - 4\sigma(2)$$

$$= \dot{\sigma}(8) + 2\{\dot{\sigma}(4) + 2\sigma(2) - 4\sigma(1)\} - 4\{\dot{\sigma}(2) + 2\sigma(1)\}$$

$$= \dot{\sigma}(8) + 2\dot{\sigma}(4) + 4\{\dot{\sigma}(2) + 2\sigma(1)\} - 8\dot{\sigma}(1)$$
$$- 4\dot{\sigma}(2) - 8\dot{\sigma}(1)$$

$$= \dot{\sigma}(8) + 2\dot{\sigma}(4) - 8\dot{\sigma}(1)$$
$$= 13 + 2 \cdot 5 + (-8) \cdot 1 = \boxed{15}$$

▶ 8角数関数を見てみよう

今度は、8角数関数について見ていきましょう。(p163 参照)

まず8角数等式は、次の通りです。($v(0)=1$ とします。)

8角数関数の係数 $v(n)$

$$V(x) = \sum_{n=0}^{\infty} v(n) x^n$$

ここで $v(n)$ は、$h = 1,\ 2,\ 3,\ \cdots$ としたとき

$$n = h(3h-2),\ h(3h-2)+4h \text{ では、}\ v(n) = (-1)^h$$
$$n \neq \quad\quad\quad '' \quad\quad\quad\quad\quad \text{では、}\ v(n) = 0$$

まずは $v(n) \ne 0$ となっている $v(n)$ を見てみます。

問　$h = 1$，2，3，4，5 のときの $v(n)$ を求めましょう。

$h = 1$ のとき、　$v(1) = -1$、　$v(5) = -1$

$h = 2$ のとき、　$v(8) = 1$、　$v(16) = 1$

$h = 3$ のとき、　$v(21) = -1$、　$v(33) = -1$

$h = 4$ のとき、　$v(40) = 1$、　$v(56) = 1$

$h = 5$ のとき、　$v(65) = -1$、　$v(85) = -1$

表にまとめたけど、一番下の欄は「約数もどき」かしら。

n	1	2	3	4	5	6	7	8	9	10	11	12	13
$v(n)$	-1	0	0	0	-1	0	0	1	0	0	0	0	0

▶ 「8角数」を用いた素数の見つけ方

8角数関数についても同様に、p163 より次を微分します。

$$\Phi(x)\{\Phi(x^6)\}^2 = V(x)\Phi(x^2)\Phi(x^3)$$

すると今回もオイラー関数が消えて、次が出てきます。

$$V(x)\{F(x) - 2F(x^2) - 3F(x^3) + 12F(x^6)\} = -xV'(x)$$

そこで今回は、$\ddot{\sigma}(n)$ を次のようにします。

$$\ddot{\sigma}(n) = \sigma(n) - 2\sigma\left(\frac{n}{2}\right) - 3\sigma\left(\frac{n}{3}\right) + 12\sigma\left(\frac{n}{6}\right)$$

（ただし $\sigma(x)$ は x が**整数でない**ときは **0** とします）

するとこの先も全く同様にして、$\ddot{\sigma}(n)$ は次のようになります。

$$\ddot{\sigma}(n) = -nv(n) - v(1)\ddot{\sigma}(n-1) - \cdots - v(n-1)\ddot{\sigma}(1)$$

$$= -nv(n) + \sum_{k=1}^{n-1} -v(k)\ddot{\sigma}(n-k)$$

問	$\ddot{\sigma}(n)$ の漸化式を用いて、次を求めましょう。 $\ddot{\sigma}(1)$, $\ddot{\sigma}(2)$, $\ddot{\sigma}(3)$, $\ddot{\sigma}(4)$, $\ddot{\sigma}(5)$ $\ddot{\sigma}(6)$, $\ddot{\sigma}(7)$, $\ddot{\sigma}(8)$, $\ddot{\sigma}(9)$

（$v(9)$ まででは）$v(1)=-1$、$v(5)=-1$、$v(8)=1$ の他は $v(n)=0$ です。

$$\ddot{\sigma}(1)=-1v(\mathbf{1})=(-1)(-1)=1$$

$$\ddot{\sigma}(2)=-2\cancel{v(2)}-v(\mathbf{1})\,\ddot{\sigma}(1)=1\cdot 1=1$$

$$\ddot{\sigma}(3)=-3\cancel{v(3)}-v(\mathbf{1})\,\ddot{\sigma}(2)=1\cdot 1=1$$

$$\ddot{\sigma}(4)=-4\cancel{v(4)}-v(\mathbf{1})\,\ddot{\sigma}(3)=1\cdot 1=1$$

$$\ddot{\sigma}(5)=-5v(\mathbf{5})-v(\mathbf{1})\,\ddot{\sigma}(4)=(-5)(-1)+1\cdot 1=6$$

$$\ddot{\sigma}(6)=-6\cancel{v(6)}-v(\mathbf{1})\,\ddot{\sigma}(5)-v(\mathbf{5})\,\ddot{\sigma}(1)$$
$$=1\cdot 6+1\cdot 1=7$$

$$\ddot{\sigma}(7)=-7\cancel{v(7)}-v(\mathbf{1})\,\ddot{\sigma}(6)-v(\mathbf{5})\,\ddot{\sigma}(2)$$
$$=1\cdot 7+1\cdot 1=8$$

$$\ddot{\sigma}(8)=-8v(\mathbf{8})-v(\mathbf{1})\,\ddot{\sigma}(7)-v(5)\,\ddot{\sigma}(3)$$
$$=(-8)\cdot 1+1\cdot 8+1\cdot 1=1$$

$$\ddot{\sigma}(9)=-9\cancel{v(9)}-v(\mathbf{1})\,\ddot{\sigma}(8)-v(\mathbf{5})\,\ddot{\sigma}(4)-v(\mathbf{8})\,\ddot{\sigma}(1)$$
$$=1\cdot 1+1\cdot 1+(-1)\cdot 1=1$$

n	1	$\boxed{2}$	$\boxed{3}$	4	5	6	7	8	9	10	11	12	13
$v(n)$	−1	0	0	0	−1	0	0	1	0	0	0	0	0
$\ddot{\sigma}(n)$	1	$\boxed{1}$	$\boxed{1}$	1	6	7	8	1	1	6	12	19	14

素数を見つけるには、$\ddot{\sigma}(n) = n + 1$ となる n に着目ね。

 「2」と「3」は、偶数や3の倍数だから見つからないけど。

素数の見つけ方

p が（正の）3の倍数でない奇数のとき

$$p \text{ が素数である} \quad \Longleftrightarrow \quad \ddot{\sigma}(p) = p + 1$$

$\sigma(n)$ は、$\ddot{\sigma}(n)$ の決め方から、次の通りです。

$$\sigma(n) = \ddot{\sigma}(n) + 2\sigma\left(\frac{n}{2}\right) + 3\sigma\left(\frac{n}{3}\right) - 12\sigma\left(\frac{n}{6}\right)$$

（ただし $\sigma(x)$ は x が整数でないときは **0** とします）

 今回は n が奇数でも、$\ddot{\sigma}(n)$ は約数の和でないのね。

 n が奇数で3の倍数でないなら、$\ddot{\sigma}(n)$ は約数の和さ。

$$\sigma(6) = \ddot{\sigma}(6) + 2\sigma(3) + 3\sigma(2) - 12\sigma(1)$$

$$= \ddot{\sigma}(6) + 2\left\{\ddot{\sigma}(3) + 3\sigma(1)\right\} + 3\left\{\ddot{\sigma}(2) + 2\sigma(1)\right\} - 12\sigma(1)$$

$$= \ddot{\sigma}(6) + 2\ddot{\sigma}(3) + 6\ddot{\sigma}(1) + 3\ddot{\sigma}(2) + 6\ddot{\sigma}(1) - 12\ddot{\sigma}(1)$$

$$= \ddot{\sigma}(6) + 2\ddot{\sigma}(3) + 3\ddot{\sigma}(2)$$

$$= 7 + 2 \cdot 1 + 3 \cdot 1 = \boxed{12}$$

3 の倍数の、ちょっと便利な見分け方を知っているかい。各位をたして、それが 3 で割り切れたら、3 の倍数なのさ。

$100a + 10b + c = 99a + 9b + (a+b+c)$ で、$99a$ も $9b$ も 3 で割り切れるから、$(a+b+c)$ で決まるのね。

各位に 3 や 6 や 9 があったら、のぞいてたせばいいわね。たして 3 の倍数になる位も、のぞいてしまえばいいのよ。

12345 は 3 の倍数だよ。まず 3 をのぞき、$1+2=3$ ものぞき、$4+5=9$ ものぞくと、何も残らないからね。

1234567 は 3 の倍数でないわね。さらに 6 をのぞくと 7 が残ってしまって、7 は 3 で割り切れないからねぇ～。

57 はグロタンディーク素数っていわれているよ。「具体的
に」との注文に、「では素数を 57 にしよう」と答えたのさ。
だが 57 は $5+7=12$ で 3 の倍数！実話かどうかあやしい
が、グロタンディークの数学は抽象的だという逸話かも。

コラムⅣ　ヤコビの 3 重積とテータ関数

これまでヤコビの 3 重積を、次のような公式として話を進め
てきました。

$$\prod_{n=1}^{\infty} (1-q^n)(1+zq^n)(1+z^{-1}q^{n-1}) = \sum_{n=-\infty}^{\infty} z^n \, q^{\frac{n(n+1)}{2}}$$

あれっ、知っている式とちがうのだけれど……、と思われた
かもしれませんね。じつは本来のヤコビの 3 重積は、次のよう
なものです。ただし、$\tau = a + bi$（a、b は実数）としたとき、
$b > 0$ とします。

$$\prod_{n=1}^{\infty} (1 - e^{2\pi i \tau n})(1 + e^{\pi i \tau (2n-1) + 2\pi i v})(1 + e^{\pi i \tau (2n-1) - 2\pi i v})$$

$$= \sum_{n=-\infty}^{\infty} e^{\pi i \tau n^2 + 2\pi i v n}$$

まずは、$q = e^{\pi i \tau}$、$z = e^{-\pi i \tau + 2\pi i v}$ $(qz = e^{2\pi i v})$ と置いてみます。

右辺の Σ の中

$$e^{\pi i \tau n^2 + 2\pi i v n} = (e^{\pi i \tau})^{n^2} (e^{2\pi i v})^n$$

$$= q^{n^2} (qz)^n$$

$$= q^{n(n+1)} z^n$$

左辺の Π の中

$$(1 - e^{2\pi i \tau n})(1 + e^{\pi i \tau (2n-1) + 2\pi i v})(1 + e^{\pi i \tau (2n-1) - 2\pi i v})$$

$$= (1 - e^{\pi i \tau 2n})(1 + e^{\pi i \tau 2n} e^{-\pi i \tau + 2\pi i v})(1 + e^{\pi i \tau (2n-2)} e^{\pi i \tau - 2\pi i v})$$

$$= (1 - q^{2n})(1 + q^{2n} z)(1 + q^{2n-2} z^{-1})$$

$$\prod_{n=1}^{\infty} (1 - q^{2n})(1 + z q^{2n})(1 + z^{-1} q^{2n-2}) = \sum_{n=-\infty}^{\infty} z^n q^{n(n+1)}$$

上の式は $q = e^{\pi i \tau}$ としたものですが、これを $q = e^{2\pi i \tau}$ とすると、（これまで用いてきた）次の公式となります。

$$\prod_{n=1}^{\infty} (1-q^n)(1+zq^n)(1+z^{-1}q^{n-1}) = \sum_{n=-\infty}^{\infty} z^n q^{\frac{n(n+1)}{2}}$$

　今度は、$q = e^{\pi i \tau}$、$z = e^{2\pi i v}$ と置いてみましょう。

右辺の Σ の中

$$e^{\pi i \tau n^2 + 2\pi i v n} = (e^{\pi i \tau})^{n^2}(e^{2\pi i v})^n$$
$$= q^{n^2} z^n$$

左辺の Π の中

$$(1 - e^{2\pi i \tau n})(1 + e^{\pi i \tau (2n-1) + 2\pi i v})(1 + e^{\pi i \tau (2n-1) - 2\pi i v})$$
$$= (1 - e^{\pi i \tau 2n})(1 + e^{\pi i \tau (2n-1)} e^{2\pi i v})(1 + e^{\pi i \tau (2n-1)} e^{-2\pi i v})$$
$$= (1 - q^{2n})(1 + q^{2n-1} z)(1 + q^{2n-1} z^{-1})$$

$$\prod_{n=1}^{\infty} (1-q^{2n})(1+zq^{2n-1})(1+z^{-1}q^{2n-1}) = \sum_{n=-\infty}^{\infty} z^n q^{n^2}$$

上の式は $z = e^{2\pi i v}$ としたものですが、これを $z = e^{\pi i v}$ とすると、次の式になります。

$$\prod_{n=1}^{\infty} (1-q^{2n})(1+z^2 q^{2n-1})(1+z^{-2}q^{2n-1}) = \sum_{n=-\infty}^{\infty} z^{2n}q^{n^2}$$

　じつは、これは4つあるテータ関数の中の ϑ_3 そのもの（の一般的に用いられている形）です。（p209 参照）

　$q = e^{\pi i \tau}$、$z = e^{\pi i v}$ と置くと、$\vartheta_3(v, \tau)$ は次の通りです。

$$\vartheta_3(v, \tau)$$

$$\vartheta_3(v, \tau) = \prod_{n=1}^{\infty} (1-q^{2n})(1+z^2 q^{2n-1})(1+z^{-2}q^{2n-1})$$

$$= \sum_{n=-\infty}^{\infty} z^{2n}q^{n^2}$$

　この式で $z = 1$（$v = 0$）とすると（テータ0値）、次の式が出てきます。

　ちなみに第1章の「4平方和」では、次の式（の右辺）を4個かけた（$\sum_{m=-\infty}^{\infty} x^{m^2}$）[4] を問題にしていましたね。

$$\prod_{n=1}^{\infty} (1-q^{2n})(1+q^{2n-1})^2 = \sum_{n=-\infty}^{\infty} q^{n^2}$$

$$\prod_{n=1}^{\infty} (1-q^{2n})(1+q^{2n-1})^2 = 1 + 2(q^1 + q^4 + q^9 + q^{16} + \cdots)$$

q の指数が4角数 n^2 (1、4、9、16、……) になっていますね。しかも、p154 の $\sum_{n=-\infty}^{\infty} (-1)^n q^{n^2}$ とは異なり、これには $(-1)^n$ がついていません。

さて、この左辺 $\prod_{n=1}^{\infty} (1-q^{2n})(1+q^{2n-1})^2$ も、オイラー関数 $\Phi(x)$ を用いて表されるのでしょうか。次章で見ていくことにしましょう。

1019	1021	1031	1033	1039	1049	1051	1061	1063	1069
1087	1091	1093	1097	1103	1109	1117	1123	1129	1151
1153	1163	1171	1181	1187	1193	1201	1213	1217	1223

1229	1231	1237	1249	1259	1277	1279	1283	1289	1291
1297	1301	1303	1307	1319	1321	1327	1361	1367	1373
1381	1399	1409	1423	1427	1429	1433	1439	1447	1451
1453	1459	1471	1481	1483	1487	1489	1493	1499	1511
1523	1531	1543	1549	1553	1559	1567	1571	1579	1583

1597	1601	1607	1609	1613	1619	1621	1627	1637	1657
1663	1667	1669	1693	1697	1699	1709	1721	1723	1733
1741	1747	1753	1759	1777	1783	1787	1789	1801	1811
1823	1831	1847	1861	1867	1871	1873	1877	1879	1889
1901	1907	1913	1931	1933	1949	1951	1973	1979	1987

1993	1997	1999	2003	2011	2017	2027	2029	2039	2053
2063	2069	2081	2083	2087	2089	2099	2111	2113	2129
2131	2137	2141	2143	2153	2161	2179	2203	2207	2213
2221	2237	2239	2243	2251	2267	2269	2273	2281	2287

5章

11 が素数かどうかを、
割り算せずに知りたい！

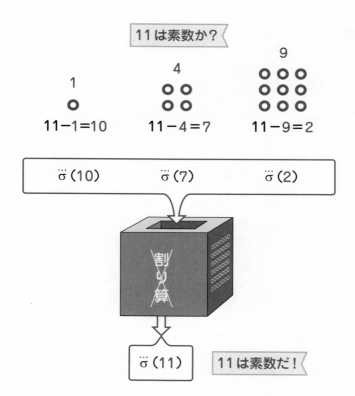

11 は素数か？

1

$11-1=10$

4

$11-4=7$

9

$11-9=2$

$\ddot{\sigma}(10)$　　　$\ddot{\sigma}(7)$　　　$\ddot{\sigma}(2)$

割り算

$\ddot{\sigma}(11)$　　11 は素数だ！

10節 もう1つの多角数等式から「不思議な式」へ

▶多角数等式は1つだけか

多角数等式を見ていると、誰だって疑問に思いますよね。

4角数等式だけど、（コラムⅣにもあったように）
$\sum_{n=-\infty}^{\infty} (-1)^n q^{n^2}$ より $\sum_{n=-\infty}^{\infty} q^{n^2}$ の方がいいと思うわ。

問題は、オイラー関数 $\Phi(x)$ を用いて表されるかどうかさ。

下記の「ヤコビの3重積公式」において、q を $q^{(k-2)}$ に置きかえるのはそのままで、z を $-q^{-(k-3)}$ でなく $+q^{-(k-3)}$ $(k \geq 4)$ としてもよさそうですよね。

$$\prod_{n=1}^{\infty} (1-q^n)(1+zq^n)(1+z^{-1}q^{n-1}) = \sum_{n=-\infty}^{\infty} z^n \, q^{\frac{n(n+1)}{2}}$$

z を $+q^{-(k-3)}$ としても、右辺に k 角数 $\dfrac{n\{(k-2)n-(k-4)\}}{2}$

が下記の通り現れてきて、しかも z を $-q^{-(k-3)}$ と置いたときのように $(-1)^n$ もつかず、むしろスッキリします。

右辺

$$\sum_{n=-\infty}^{\infty} (+q^{-(k-3)})^n \, q^{(k-2)\frac{n(n+1)}{2}}$$

$$= \sum_{n=-\infty}^{\infty} q^{\frac{n \cdot (-2)(k-3)+n\{(k-2)n+(k-2)\}}{2}}$$

$$= \sum_{n=-\infty}^{\infty} q^{\frac{n\{(k-2)n-(k-4)\}}{2}}$$

　もっとも3角数等式だけは、最初から別扱いでした。このときは、単に $z=1$ として出したのです。ちなみに $z=-1$ としても、じつは何も出てきません。

　$z=-1$ とすると、右辺は次のように0となります。

$$\sum_{n=-\infty}^{\infty} (-1)^n q^{\frac{n(n+1)}{2}} = \cdots\cdots + q^6 + (-q^3) + q^1 + (-1)$$

$$+ 1 + (-q^1) + q^3 + (-q^6) + \cdots\cdots = 0$$

　左辺も、次の積の中の

$$\prod_{n=1}^{\infty} (1-q^n)(1+(-1)q^n)(1+(-1)q^{n-1})$$

右端の項が、$n=1$ のとき $(1+(-1)q^{1-1})=(1+(-1))=0$ となり、（0 をかけたことで）全体も0になってしまうのです。

　つまりは $z=-1$ としても、「0＝0」という等式が出てくるだけです。（間違いではありませんが）つまらない等式ですよね。

▶ 4角数等式をもう1つ出そう

次に「4角数等式」を見てみましょう。q を q^2、z を $+q^{-1}$ で置きかえてみます。ここからは左辺を $J(z, q)$ とします。ちなみに右辺は、p183 で（まとめて）確認しました。

$$J(z, q) = \prod_{n=1}^{\infty} (1-q^n)(1+zq^n)(1+z^{-1}q^{n-1})$$

$\boxed{J(q^{-1}, q^2)}$

$$\prod_{n=1}^{\infty} (1-q^{2n})(1+q^{-1}q^{2n})(1+qq^{2(n-1)})$$

$$= \prod_{n=1}^{\infty} (1-q^{2n})(1+q^{2n-1})^2$$

 この式には見覚えがあるぞ。コラムⅣに出てきたよなぁ。

 この先の計算は飛ばして、p185 下に進むのもお勧めだよ。

それでは続けます。

$$\prod_{n=1}^{\infty} (1-q^{2n})(1+q^{2n-1})^2$$

$$= \Phi(q^2) \prod_{n=1}^{\infty} \frac{\left(1+q^{2n-1}\right)^2 \left(1-q^{2n-1}\right)^2}{\left(1-q^{2n-1}\right)^2}$$

$$= \Phi(q^2) \prod_{n=1}^{\infty} \frac{\left(1-q^{2(2n-1)}\right)^2}{\left(1-q^{2n-1}\right)^2}$$

$$= \Phi(q^2) \prod_{n=1}^{\infty} \frac{\left(1-q^{2(2n-1)}\right)^2 \left(1-q^{2(2n)}\right)^2}{\left(1-q^{2n-1}\right)^2 \left(1-q^{2(2n)}\right)^2}$$

$$= \Phi(q^2) \left\{\Phi(q^2)\right\}^2 \prod_{n=1}^{\infty} \frac{1}{\left(1-q^{2n-1}\right)^2 \left(1-q^{4n}\right)^2}$$

$$= \frac{\left\{\Phi(q^2)\right\}^3}{\left\{\Phi(q^4)\right\}^2} \prod_{n=1}^{\infty} \frac{1}{\left(1-q^{2n-1}\right)^2}$$

$$= \frac{\left\{\Phi(q^2)\right\}^3}{\left\{\Phi(q^4)\right\}^2} \prod_{n=1}^{\infty} \frac{\left(1-q^{2n}\right)^2}{\left(1-q^{2n-1}\right)^2 \left(1-q^{2n}\right)^2}$$

$$= \frac{\left\{\Phi(q^2)\right\}^3}{\left\{\Phi(q^4)\right\}^2 \left\{\Phi(q)\right\}^2} \prod_{n=1}^{\infty} \left(1-q^{2n}\right)^2$$

$$= \frac{\left\{\Phi(q^2)\right\}^3 \left\{\Phi(q^2)\right\}^2}{\left\{\Phi(q^4)\right\}^2 \left\{\Phi(q)\right\}^2} = \frac{\left\{\Phi(q^2)\right\}^5}{\left\{\Phi(q)\right\}^2 \left\{\Phi(q^4)\right\}^2}$$

---

4 角数等式(2)

$$\frac{\left\{\Phi(q^2)\right\}^5}{\left\{\Phi(q)\,\Phi(q^4)\right\}^2} = \sum_{n=-\infty}^{\infty} q^{n^2}$$
$$= 1 + 2\sum_{n=1}^{\infty} q^{n^2}$$

▶「4角数」を用いた素数の見つけ方（その2）

この4角数等式の関数を、（ここだけですが）4角数関数と呼ぶことにして、（変数を q から x に変更して）$W(x)$ と記すことにします。さらに「x^n の係数」（$n \geq 1$）を「$2w(n)$」とします。$w(n)$ は n が平方数（1、4、9、16、……）なら1で、その他は0です。

 $w(n)$ は序章で出てきたわ。一番下の欄も何かあったわ。

n	1	2	3	4	5	6	7	8	9	10	11	12	13
$w(n)$	1	0	0	1	0	0	0	0	1	0	0	0	0

この先はこれまでと全く同様で、p185 より次を微分します。

$$\{\Phi(q^2)\}^5 = W(x)\{\Phi(q)\Phi(q^4)\}^2$$

すると今回もオイラー関数が消えて、次が出てきます。

$$2W(x)\{F(x) - 5F(x^2) + 4F(x^4)\} = xW'(x)$$

そこで今回は、$\ddot{o}(n)$ を次のようにします。

$$\ddot{o}(n) = \sigma(n) - 5\sigma\left(\frac{n}{2}\right) + 4\sigma\left(\frac{n}{4}\right)$$

（ただし $\sigma(x)$ は x が整数でないときは 0 とします）

すると上の式は、次のようになってきます。

$$2\{1 + 2w(1)x + 2w(2)x^2 + 2w(3)x^3 + \cdots\cdots\}$$
$$\times\{\ddot{o}(1)x + \ddot{o}(2)x^2 + \ddot{o}(3)x^3 + \cdots\cdots\}$$
$$= 2\{w(1)x + 2w(2)x^2 + 3w(3)x^3 + \cdots\cdots\}$$

これから、これまでと同様にして $\ddot{o}(n)$ は次のようになります。

$$\ddot{o}(n) = \boldsymbol{nw(n)} - 2w(1)\ddot{o}(n-1) - \cdots - 2w(n-1)\ddot{o}(1)$$
$$= \boldsymbol{nw(n)} + \sum_{k=1}^{n-1} -2w(k)\ddot{o}(n-k)$$

問 $\ddot{o}(n)$ の漸化式を用いて、次を求めましょう。
$$\ddot{o}(1)\quad,\quad \ddot{o}(2)\quad,\quad \ddot{o}(3)\quad,\quad \ddot{o}(4)\quad,$$
$$\ddot{o}(5)\quad,\quad \ddot{o}(6)\quad,\quad \ddot{o}(7)\quad,\quad \ddot{o}(8)$$

これは序章でやった問題だな。さすがに、もういいよ。

n	1	2	3	4	5	6	7	8	9	10	11	12	13
$w(n)$	1	0	0	1	0	0	0	0	1	0	0	0	0
$\ddot{o}(n)$	1	-2	4	-4	6	-8	8	-8	13	-12	12	-16	14

素数は、$\ddot{o}(n) = n+1$ となる n に着目だったのよね。

偶数の素数の「2」は、結局は例外という結論になるね。

素数の見つけ方

p が（正の）奇数のとき

$$p \text{ が素数である} \quad \Longleftrightarrow \quad \ddot{\sigma}(p) = p + 1$$

$\sigma(n)$ は、$\ddot{\sigma}(n)$ の決め方から、次の通りです。

$$\sigma(n) = \ddot{\sigma}(n) + 5\sigma\left(\frac{n}{2}\right) - 4\sigma\left(\frac{n}{4}\right)$$

（ただし $\sigma(x)$ は x が**整数でない**ときは **0** とします）

 「不思議な式」の出所も、$\ddot{\sigma}(n)$ が何かも、これで解決ね。

 n が奇数なら $\sigma(n) = \ddot{\sigma}(n)$ で、$\ddot{\sigma}(n)$ は約数の和だね。

 n が偶数のときは、もし $\sigma(n)$ を求めたいなら、n より小さい $\frac{n}{2}$ と $\frac{n}{4}$ の（$\ddot{\sigma}$ではなく）σ で調整するのさ。

$$\sigma(8) = \ddot{\sigma}(8) + 5\sigma(4) - 4\sigma(2)$$
$$= \ddot{\sigma}(8) + 5\{\ddot{\sigma}(4) + 5\sigma(2) - 4\sigma(1)\} - 4\{\ddot{\sigma}(2) + 5\sigma(1)\}$$
$$= \ddot{\sigma}(8) + 5\ddot{\sigma}(4) + 25\{\ddot{\sigma}(2) + 5\sigma(1)\} - 20\sigma(1)$$
$$\qquad\qquad\qquad\qquad\qquad - 4\ddot{\sigma}(2) - 20\sigma(1)$$
$$= \ddot{\sigma}(8) + 5\ddot{\sigma}(4) + 21\ddot{\sigma}(2) + 85\ddot{\sigma}(1) \qquad (\sigma(1) = \ddot{\sigma}(1))$$
$$= (-8) + 5(-4) + 21(-2) + 85 \cdot 1 = \boxed{15}$$

▶ **5角数等式をもう1つ出そう**

今度は「5角数等式」です。q を q^3、z を $+q^{-2}$ で置きかえてみましょう。

（計算は飛ばして）p191 に進むのも、ぜひお勧めだよ。

$$\boxed{J(q^{-2}, q^3)}$$

$$\prod_{n=1}^{\infty}(1-q^{3n})(1+q^{-2}q^{3n})(1+q^2 q^{3(n-1)})$$

$$=\prod_{n=1}^{\infty}(1-q^{3n})(1+q^{3n-2})(1+q^{3n-1})$$

$$= \Phi(q^3) \prod_{n=1}^{\infty} (1 + q^{3n-2})(1 + q^{3n-1})$$

$$= \Phi(q^3) \prod_{n=1}^{\infty} \frac{\left(1 + q^{3n-2}\right)\left(1 - q^{3n-2}\right)}{\left(1 - q^{3n-2}\right)} \frac{\left(1 + q^{3n-1}\right)\left(1 - q^{3n-1}\right)}{\left(1 - q^{3n-1}\right)}$$

$$= \Phi(q^3) \prod_{n=1}^{\infty} \frac{\left(1 - q^{2(3n-2)}\right)}{\left(1 - q^{3n-2}\right)} \frac{\left(1 - q^{2(3n-1)}\right)}{\left(1 - q^{3n-1}\right)} \frac{\left(1 - q^{2(3n)}\right)}{\left(1 - q^{2(3n)}\right)}$$

$$= \Phi(q^3) \frac{\Phi\left(q^2\right)}{\Phi\left(q^6\right)} \prod_{n=1}^{\infty} \frac{1}{\left(1 - q^{3n-2}\right)\left(1 - q^{3n-1}\right)}$$

$$= \Phi(q^3) \frac{\Phi\left(q^2\right)}{\Phi\left(q^6\right)} \prod_{n=1}^{\infty} \frac{\left(1 - q^{3n}\right)}{\left(1 - q^{3n-2}\right)\left(1 - q^{3n-1}\right)\left(1 - q^{3n}\right)}$$

$$= \Phi(q^3) \frac{\Phi\left(q^2\right)}{\Phi\left(q^6\right)} \frac{\Phi\left(q^3\right)}{\Phi(q)}$$

$$= \frac{\Phi\left(q^2\right)\left\{\Phi\left(q^3\right)\right\}^2}{\Phi(q)\Phi\left(q^6\right)}$$

ちなみに右辺は、p183 で（まとめて）確認しましたね。

$$\frac{\Phi(q^2)\{\Phi(q^3)\}^2}{\Phi(q)\Phi(q^6)} = \sum_{n=-\infty}^{\infty} q^{\frac{n(3n-1)}{2}}$$

$$= 1 + \sum_{n=1}^{\infty} \left\{ q^{\frac{n(3n-1)}{2}} + q^{\frac{n(3n-1)}{2}+n} \right\}$$

▶「5角数」を用いた素数の見つけ方 (その2)

この先は、同じようにして話が進んでいきます。

まずは $\hat{\sigma}(n)$ を、次のようにします。(係数は微分、( ) の中の分母は指数と関連しています。＋－は移項の関係です。)

$$\frac{\Phi(q^2)\{\Phi(q^3)\}^2}{\Phi(q)\Phi(q^6)}$$

$$\updownarrow$$

$$\hat{\sigma}(n) = +\sigma(n) - 2\sigma\left(\frac{n}{2}\right) - 6\sigma\left(\frac{n}{3}\right) + 6\sigma\left(\frac{n}{6}\right)$$

(ただし $\sigma(x)$ は x が整数でないときは **0** とします)

$\hat{\sigma}(n)$ の漸化式は、次のようになってきます。

$$\hat{\sigma}(n) = n a(n) - a(1)\,\hat{\sigma}(n-1) - \cdots - a(n-1)\,\hat{\sigma}(1)$$

$$= n a(n) + \sum_{k=1}^{n-1} -a(k)\,\hat{\sigma}(n-k)$$

ここで $a(k)$ は、（いよいよ記号不足となり）「オイラーの5角数定理」の際と同じ $a(k)$ を使い回しています。ただし、前回の $a(k) = -1$ が、今回は $a(k) = +1$ となり、他はそのままです。

 表にまとめてみたわ。「−1」を「＋1」に直しただけよ。

n	1	2	3	4	5	6	7	8	9	10	11	12	13
$a(n)$	+1	+1	0	0	1	0	1	0	0	0	0	+1	0

問 $\hat{\sigma}(n)$ の漸化式を用いて、次を求めましょう。

$\hat{\sigma}(1),\quad \hat{\sigma}(2),\quad \hat{\sigma}(3),\quad \hat{\sigma}(4),\quad \hat{\sigma}(5),\quad \hat{\sigma}(6),\quad \hat{\sigma}(7)$

（$a(8)$ までででは）$a(1) = 1$、$a(2) = 1$、$a(5) = 1$、$a(7) = 1$ の他は $a(n) = 0$ です。

$$\hat{\sigma}(1) = a(\mathbf{1}) = \boxed{1}$$

$$\hat{\sigma}(2) = 2a(\mathbf{2}) - a(\mathbf{1})\,\hat{\sigma}(1) = 2 \cdot 1 + (-1)1 = \boxed{1}$$

$$\hat{\sigma}(3) = 3a(\cancel{3}) - a(\mathbf{1})\,\hat{\sigma}(2) - a(\mathbf{2})\,\hat{\sigma}(1)$$
$$= (-1)1 + (-1)1 = \boxed{-2}$$

$$\hat{\sigma}(4) = 4a(\cancel{4}) - a(\mathbf{1})\,\hat{\sigma}(3) - a(\mathbf{2})\,\hat{\sigma}(2)$$
$$= (-1)(-2) + (-1)1 = \boxed{1}$$

$$\hat{\sigma}(5) = 5a(\mathbf{5}) - a(\mathbf{1})\,\hat{\sigma}(4) - a(\mathbf{2})\,\hat{\sigma}(3)$$
$$= 5 \cdot 1 + (-1)1 + (-1)(-2) = \boxed{6}$$

$$\hat{\sigma}(6) = 6a(\cancel{6}) - a(\mathbf{1})\,\hat{\sigma}(5) - a(\mathbf{2})\,\hat{\sigma}(4) - a(\mathbf{5})\,\hat{\sigma}(1)$$
$$= (-1)6 + (-1)1 + (-1)1 = \boxed{-8}$$

$$\hat{\sigma}(7) = 7a(\mathbf{7}) - a(\mathbf{1})\,\hat{\sigma}(6) - a(\mathbf{2})\,\hat{\sigma}(5) - a(\mathbf{5})\,\hat{\sigma}(2)$$
$$= 7 \cdot 1 + (-1)(-8) + (-1)6 + (-1)1 = \boxed{8}$$

n	1	2	3	4	5	6	7	8	9	10	11	12	13
$a(n)$	+1	+1	0	0	1	0	1	0	0	0	0	+1	0
$\hat{\sigma}(n)$	1	1	−2	1	6	−8	8	1	−11	6	12	−20	14

素数を見つけるには、$\hat{\sigma}(n) = n + 1$ となる n に着目ね。

 偶数や 3 の倍数の素数は、「2」と「3」だけだからいいよ。

素数の見つけ方

p が（正の）3 の倍数でない奇数のとき

$$p \text{ が素数である} \quad \longleftrightarrow \quad \hat{\sigma}(p) = p + 1$$

$\sigma(n)$ は、$\hat{\sigma}(n)$ の決め方から、次の通りです。

$$\sigma(n) = \hat{\sigma}(n) + 2\sigma\left(\frac{n}{2}\right) + 6\sigma\left(\frac{n}{3}\right) - 6\sigma\left(\frac{n}{6}\right)$$

（ただし $\sigma(x)$ は x が整数でないときは **0** とします）

 おや、また 2 と 3 と 6 で割るのかい。前にもあったねぇ。

 n が 3 の倍数でない奇数のときは、$\hat{\sigma}(n)$ は約数の和さ。

問 p193 の表を見て、σ(6) を求めましょう。

$$\sigma(6) = \hat{\sigma}(6) + 2\sigma(3) + 6\sigma(2) - 6\sigma(1)$$
$$= \hat{\sigma}(6) + 2\{\hat{\sigma}(3) + 6\sigma(1)\} + 6\{\hat{\sigma}(2) + 2\sigma(1)\} - 6\sigma(1)$$
$$= \hat{\sigma}(6) + 2\hat{\sigma}(3) + 12\hat{\sigma}(1) + 6\hat{\sigma}(2) + 12\hat{\sigma}(1) - 6\hat{\sigma}(1)$$
$$= \hat{\sigma}(6) + 2\hat{\sigma}(3) + 6\hat{\sigma}(2) + 18\hat{\sigma}(1) \qquad (\sigma(1) = \hat{\sigma}(1))$$
$$= (-8) + 2(-2) + 6\cdot 1 + 18\cdot 1 = \boxed{12}$$

▶ **6角数等式をもう 1 つ出すつもりが……**

　今度は「6角数等式」です。q を q^4、z を $+q^{-3}$ で置きかえてみましょう。

$\boxed{J(q^{-3}, q^4)}$

$$\prod_{n=1}^{\infty} (1 - q^{4n})(1 + q^{-3}q^{4n})(1 + q^3 q^{4(n-1)})$$

$$= \Phi(q^4) \prod_{n=1}^{\infty} (1 + q^{4n-3})(1 + q^{4n-1})$$

$$= \cdots\cdots\cdots\cdots\cdots\cdots\cdots\cdots\cdots\cdots$$

　　途中の計算は（書くのも大変なので）省略するよ。

$$= \cdots\cdots\cdots\cdots\cdots\cdots\cdots\cdots\cdots\cdots\cdots\cdots$$

$$= \Phi(q^4) \frac{\Phi(q^2)}{\Phi(q^8)} \frac{\Phi(q^4)}{\Phi(q)} \frac{\Phi(q^2)}{\Phi(q^4)} \frac{\Phi(q^8)}{\Phi(q^4)}$$

$$= \frac{\left\{\Phi(q^2)\right\}^2}{\Phi(q)}$$

6角数等式(2)

$$\frac{\left\{\Phi(q^2)\right\}^2}{\Phi(q)} = \sum_{n=-\infty}^{\infty} q^{n(2n-1)}$$

$$= 1 + \sum_{n=1}^{\infty} \left\{ q^{n(2n-1)} + q^{n(2n-1)+2n} \right\}$$

おや、この左辺は（ずいぶん前に）見たような気がするぞ。

ガウスの3角数等式

$$\frac{\left\{\Phi(x^2)\right\}^2}{\Phi(x)} = \sum_{n=0}^{\infty} x^{\frac{n(n+1)}{2}} = 1 + \sum_{n=1}^{\infty} x^{\frac{n(n+1)}{2}}$$

それもそのはずです。6角数等式（の右辺）は、次に見るように、3角数等式（の右辺の n）を、偶数と奇数に分けただけなのです。

$$\sum_{n=1}^{\infty} \left\{ q^{n(2n-1)} + q^{n(2n-1)+2n} \right\}$$

$$= \sum_{n=1}^{\infty} \left\{ q^{\frac{(2n-1)2n}{2}} + q^{\frac{2n(2n-1)+2n\cdot 2}{2}} \right\}$$

$$= \sum_{n=1}^{\infty} \left\{ q^{\frac{(2n-1)(2n-1+1)}{2}} + q^{\frac{2n(2n+1)}{2}} \right\}$$

$$= \sum_{m=1}^{\infty} q^{\frac{m(m+1)}{2}}$$

▶ 8角数等式をもう1つ出そう

今度は「8角数等式」です。q を q^6、z を $+q^{-5}$ で置きかえてみましょう。

$\boxed{J(q^{-5},\,q^6)}$

$$\prod_{n=1}^{\infty} (1-q^{6n})(1+q^{-5}q^{6n})(1+q^5 q^{6(n-1)})$$

$$= \Phi(q^6) \prod_{n=1}^{\infty} (1+q^{6n-5})(1+q^{6n-1})$$

$$= \cdots\cdots\cdots\cdots\cdots\cdots\cdots\cdots\cdots\cdots\cdots$$

 途中の計算は（書くのも大変なので）省略するよ。

$$= \dots\dots\dots\dots\dots\dots\dots\dots\dots\dots\dots\dots\dots\dots$$

$$= \Phi(q^6)\frac{\Phi(q^2)}{\Phi(q)}\frac{\Phi(q^6)}{\Phi(q^{12})}\frac{\Phi(q^2)}{\Phi(q^6)}\frac{\Phi(q^3)}{\Phi(q^6)}\frac{\Phi(q^{12})}{\Phi(q^6)}\frac{\Phi(q^{12})}{\Phi(q^4)}$$

$$= \frac{\left\{\Phi(q^2)\right\}^2 \Phi(q^3)\Phi(q^{12})}{\Phi(q)\Phi(q^4)\Phi(q^6)}$$

8角数等式(2)

$$\frac{\left\{\Phi(q^2)\right\}^2 \Phi(q^3)\Phi(q^{12})}{\Phi(q)\Phi(q^4)\Phi(q^6)} = \sum_{n=-\infty}^{\infty} q^{n(3n-2)}$$

$$= 1 + \sum_{n=1}^{\infty}\left\{q^{n(3n-2)} + q^{n(3n-2)+4n}\right\}$$

▶ 「8角数」を用いた素数の見つけ方(その2)

この先は、同じようにして話が進んでいきます。

まずは $\tilde{\sigma}(n)$ を、次のようにします。(係数は微分、(　)の中の分母は指数と関連しています。＋−は移項の関係です。)

$$\frac{\left\{\Phi\left(q^2\right)\right\}^2 \Phi\left(q^3\right)\Phi\left(q^{12}\right)}{\Phi(q)\Phi\left(q^4\right)\Phi\left(q^6\right)}$$

$$\updownarrow$$

$$\breve{\sigma}(n) = +\sigma(n) - 4\sigma\left(\frac{n}{2}\right) + 4\sigma\left(\frac{n}{4}\right)$$

$$-3\sigma\left(\frac{n}{3}\right) + 6\sigma\left(\frac{n}{6}\right) - 12\sigma\left(\frac{n}{12}\right)$$

（ただし $\sigma(x)$ は x が**整数でない**ときは**0**とします）

$\breve{\sigma}(n)$ の漸化式は、次のようになってきます。

$$\breve{\sigma}(n) = nv(n) - v(1)\breve{\sigma}(n-1) - \cdots - v(n-1)\breve{\sigma}(1)$$
$$= nv(n) + \sum_{k=1}^{n-1} -v(k)\breve{\sigma}(n-k)$$

ここで $v(k)$ は、p169 の「8角数関数」のときと同じ $v(k)$ を使い回しています。ただし前回の $\underline{v(k) = -1}$ が、今回は $\underline{v(k) = +1}$ となり、他はそのままです。

表にまとめてみたわ。「−1」を「+1」に直しただけよ。

n	1	2	3	4	5	6	7	8	9	10	11	12	13
$v(n)$	+1	0	0	0	+1	0	0	1	0	0	0	0	0

> 問
>
> $\check{\sigma}(n)$ の漸化式を用いて、次を求めましょう。
>
> $\check{\sigma}(1)$, $\check{\sigma}(2)$, $\check{\sigma}(3)$, $\check{\sigma}(4)$, $\check{\sigma}(5)$, $\check{\sigma}(6)$,
>
> $\check{\sigma}(7)$, $\check{\sigma}(8)$, $\check{\sigma}(9)$, $\check{\sigma}(10)$, $\check{\sigma}(11)$, $\check{\sigma}(12)$

（$v(12)$ まででは）$\underline{v(1)=1、\ v(5)=1、\ v(8)=1}$ の他は $v(n)=0$ です。

$$\check{\sigma}(1) = v(\mathbf{1}) = \boxed{1}$$

$$\check{\sigma}(2) = 2v\!\!\!\diagup\!\!(2) - v(\mathbf{1})\,\check{\sigma}(1) = (-1)1 = \boxed{-1}$$

$$\check{\sigma}(3) = 3v\!\!\!\diagup\!\!(3) - v(\mathbf{1})\,\check{\sigma}(2) = (-1)(-1) = \boxed{1}$$

$$\check{\sigma}(4) = 4v\!\!\!\diagup\!\!(4) - v(\mathbf{1})\,\check{\sigma}(3) = (-1)1 = \boxed{-1}$$

$$\check{\sigma}(5) = 5v(\mathbf{5}) - v(\mathbf{1})\,\check{\sigma}(4) = 5 \cdot 1 + (-1)(-1) = \boxed{6}$$

$$\breve{\sigma}(6) = 6v(6) - v(1)\,\breve{\sigma}(5) - v(5)\,\breve{\sigma}(1)$$
$$= (-1)6 + (-1)1 = \boxed{-7}$$

$$\breve{\sigma}(7) = 7v(7) - v(1)\,\breve{\sigma}(6) - v(5)\,\breve{\sigma}(2)$$
$$= (-1)(-7) + (-1)(-1) = \boxed{8}$$

$$\breve{\sigma}(8) = 8v(8) - v(1)\,\breve{\sigma}(7) - v(5)\,\breve{\sigma}(3)$$
$$= 8 \cdot 1 + (-1)8 + (-1)1 = \boxed{-1}$$

$$\breve{\sigma}(9) = 9v(9) - v(1)\,\breve{\sigma}(8) - v(5)\,\breve{\sigma}(4) - v(8)\,\breve{\sigma}(1)$$
$$= (-1)(-1) + (-1)(-1) + (-1)1 = \boxed{1}$$

$$\breve{\sigma}(10) = 10v(10) - v(1)\,\breve{\sigma}(9) - v(5)\,\breve{\sigma}(5) - v(8)\,\breve{\sigma}(2)$$
$$= (-1)1 + (-1)6 + (-1)(-1) = \boxed{-6}$$

$$\breve{\sigma}(11) = 11v(11) - v(1)\,\breve{\sigma}(10) - v(5)\,\breve{\sigma}(6) - v(8)\,\breve{\sigma}(3)$$
$$= (-1)(-6) + (-1)(-7) + (-1)1 = \boxed{12}$$

$$\breve{\sigma}(12) = 12v(12) - v(1)\,\breve{\sigma}(11) - v(5)\,\breve{\sigma}(7) - v(8)\,\breve{\sigma}(4)$$
$$= (-1)12 + (-1)8 + (-1)(-1) = \boxed{-19}$$

n	1	2	3	4	5	6	7	8	9	10	11	12	13
$v(n)$	+1	0	0	0	+1	0	0	1	0	0	0	0	0
$\breve{\sigma}(n)$	1	−1	1	−1	6	−7	8	−1	1	−6	12	−19	14

素数を見つけるには、$\breve{\sigma}(n)=n+1$ となる n に着目ね。

 偶数や 3 の倍数の素数は、「2」と「3」だけだからいいよ。

素数の見つけ方

p が（正の）3 の倍数でない奇数のとき

$$p \text{ が素数である} \quad \longleftrightarrow \quad \breve{\sigma}(p)=p+1$$

$\sigma(n)$ は、$\breve{\sigma}(n)$ の決め方から、次の通りです。

$$\sigma(n)= \breve{\sigma}(n) + 4\sigma\left(\frac{n}{2}\right) - 4\sigma\left(\frac{n}{4}\right)$$

$$+ 3\sigma\left(\frac{n}{3}\right) - 6\sigma\left(\frac{n}{6}\right) + 12\sigma\left(\frac{n}{12}\right)$$

（ただし $\sigma(x)$ は x が整数でないときは **0** とします）

 おやおや、今度は 2 と 4 と 3 と 6 と 12 かい。多いねぇ。

 n が 3 の倍数でない奇数のときは、$\breve{\sigma}(n)$ は約数の和さ。

p201 の ǒ(n) の表を見て、
σ(2) から σ(13) までを求めましょう。

下の表の2行目に、p201 の ǒ(n) を転記しておきます。

n が3の倍数でない奇数のときは、σ(n) = ǒ(n) なので、まず
これらを記入しておきます。

n	1	2	3	4	5	6	7	8	9	10	11	12	13
$ǒ(n)$	1	-1	1	-1	6	-7	8	-1	1	-6	12	-19	14
$σ(n)$	1				6		8				12		14

それでは残りを(上の表の ǒ(n) と、すでに求まった σ(n) を用
いて)順に求めていきましょう。

$$σ(2) = ǒ(2) + 4σ(1) = (-1) + 4 \cdot 1 = 3$$

$$σ(3) = ǒ(3) + 3σ(1) = 1 + 3 \cdot 1 = 4$$

$$σ(4) = ǒ(4) + 4σ(2) - 4σ(1)$$
$$\quad = (-1) + 4 \cdot 3 + (-4) \cdot 1 = 7$$

$$σ(6) = ǒ(6) + 4σ(3) + 3σ(2) - 6σ(1)$$
$$\quad = (-7) + 4 \cdot 4 + 3 \cdot 3 + (-6) \cdot 1 = 12$$

$$σ(8) = ǒ(8) + 4σ(4) - 4σ(2)$$
$$\quad = (-1) + 4 \cdot 7 + (-4) \cdot 3 = 15$$

$$\sigma(9) = \breve{\sigma}(9) + 3\sigma(3) = 1 + 3 \cdot 4 = 13$$

$$\sigma(10) = \breve{\sigma}(10) + 4\sigma(5) = (-6) + 4 \cdot 6 = 18$$

$$\sigma(12) = \breve{\sigma}(12) + 4\sigma(6) - 4\sigma(3) + 3\sigma(4) - 6\sigma(2) + 12\sigma(1)$$

$$= (-19) + 4 \cdot 12 + (-4)4 + 3 \cdot 7 + (-6)3 + 12 \cdot 1$$

$$= 28$$

RSA 暗号を破る約数の和がいろいろ出てきたね。

約数の和の求め方は、「4 角数を用いる $\breve{\sigma}(n)$」がいいな。
「3 角数」もいいけど、他は純粋の多角数ではなくて、マイナスのせいで 2 個セットで出てくるから、ややこしいよ。

コラムV $\sin x$ と $\vartheta_3(v, \tau)$ （3角関数とテータ関数）

オイラーがバーゼル問題を解決した際に、着目したのは $\sin x$ が 0 になる x 軸上の点（零点）でした。（$x = 0$ をのぞく）

$$1 - \frac{x^2}{3!} + \frac{x^4}{5!} - \frac{x^6}{7!} + \cdots\cdots$$
$$= \left(1 - \frac{x^2}{1^2 \pi^2}\right)\left(1 - \frac{x^2}{2^2 \pi^2}\right)\left(1 - \frac{x^2}{3^2 \pi^2}\right)\cdots\cdots$$

その道筋を、もう一度振り返ってみましょう。

まず $\sin x$ が 0 になるのは、

$$x = n\pi \quad (n \text{ は整数})$$

つまり、$x = 0, \pm\pi, \pm2\pi, \pm3\pi, \cdots\cdots$ です。

このことに目をつけたオイラーは、$x = 0$ をのぞいて

$$\left(1 - \frac{x}{-n\pi}\right)\left(1 - \frac{x}{+n\pi}\right) = \left(1 - \frac{x^2}{n^2\pi^2}\right)$$

と (収束の都合で) 2項ずつまとめた上で、

$$\left(1 - \frac{x^2}{1^2\pi^2}\right)\left(1 - \frac{x^2}{2^2\pi^2}\right)\left(1 - \frac{x^2}{3^2\pi^2}\right)\cdots\cdots$$

という関数を作り出し、これは (のぞいた x をかければ $\sin x$

となる) $\dfrac{\sin x}{x}$ にちがいないと見抜いたのです。

その $\dfrac{\sin x}{x}$ のべき級数展開と比べて導いたのが、次の式でした。

$$1 - \frac{x^2}{3!} + \frac{x^4}{5!} - \frac{x^6}{7!} + \cdots\cdots$$
$$= \left(1 - \frac{x^2}{1^2\pi^2}\right)\left(1 - \frac{x^2}{2^2\pi^2}\right)\left(1 - \frac{x^2}{3^2\pi^2}\right)\cdots\cdots$$

テータ関数 $\vartheta_3(v, \tau)$ も、じつは似たような道筋をたどります。それではヤコビが作ろうとしたのは、z が (複素数平面の) どこで 0 になる関数だったのでしょうか。

それは $z = e^{\pi i v}$ の v が、($\tau = a + bi$ としたとき $b > 0$)

$$v = \left(n' + \frac{1}{2}\right)1 + \left(n + \frac{1}{2}\right)\tau \quad (n', n \text{ は整数})$$

という、ちょうど貼り合わせるとトーラスになるような平行四辺形の真ん中の点（●）というものでした。

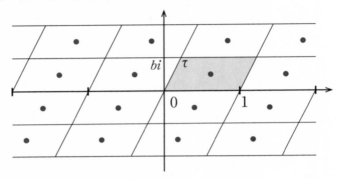

$z = e^{\pi i v}$ に直すと、次のようになります。 $(q = e^{\pi i \tau})$

$$z = e^{\pi i \left\{ \left(n' + \frac{1}{2} \right) + \left(n + \frac{1}{2} \right) \tau \right\}}$$

$$= e^{\left(n' + \frac{1}{2} \right) \pi i} \cdot e^{\pi i \tau \left(n + \frac{1}{2} \right)}$$

$$\boxed{\begin{array}{c} e^{a \pi i} = \cos a \pi + i \sin a \pi \\ （a は実数） \end{array}}$$

$$= \left\{ \cos \left(n' + \frac{1}{2} \right) \pi + i \sin \left(n' + \frac{1}{2} \right) \pi \right\} \cdot q^{\left(n + \frac{1}{2} \right)}$$

$$= \pm i \cdot q^{\left(n + \frac{1}{2} \right)}$$

これらの $z = \pm i \cdot q^{\left(n + \frac{1}{2} \right)}$ で 0 になる関数を、（オイラーが

$x = \pm \pi, \ \pm 2\pi, \ \pm 3\pi, \ \cdots$ で 0 になる関数を考えたときの

ように）作っていきます。

　まず、$n<0$ のときは $n=-m$ と置き、（オイラーのように）まとめると、次のようになります。

$$\left(1-\frac{z}{+i \cdot q^{\left(n+\frac{1}{2}\right)}}\right)\left(1-\frac{z}{-i \cdot q^{\left(n+\frac{1}{2}\right)}}\right)$$

$$=\left(1-\frac{z}{i \cdot q^{\left(-m+\frac{1}{2}\right)}}\right)\left(1+\frac{z}{i \cdot q^{\left(-m+\frac{1}{2}\right)}}\right)$$

$$=\left(1+\frac{z^2}{q^{-(2m-1)}}\right)$$

　ここで $|q^{-1}|$ が気になりますが、（p206□□より $|e^{-a\pi i}|=1$）

$$|q^{-1}|=|e^{-\pi i \tau}|=|e^{-\pi i(a+bi)}|=|e^{b\pi}e^{-a\pi i}|=e^{b\pi}$$

となっていて、$b>0$ から $|q^{-1}|=e^{b\pi}>e^{0\pi}=1$ なので（収束に）問題ありません。つまり $n<0$ のときは（$m>0$ で）、次のような項をかけて作ります。

$$\left(1+\frac{z^2}{q^{-(2m-1)}}\right)=\left(1+z^2 q^{2m-1}\right)$$

　問題となるのは、$n \geq 0$ のときです。同じようにやったのでは、そもそも収束が期待できません。

そこで、まず $n = m - 1$ と置くと、($n \geq 0$ は $m > 0$ となり)

$\pm i \cdot q^{\left(n + \frac{1}{2}\right)}$ の $n + \dfrac{1}{2}$ は、 $m - 1 + \dfrac{1}{2} = m - \dfrac{1}{2}$ となります。

ここで発想の転換です。 $z = \pm i \cdot q^{\left(m - \frac{1}{2}\right)}$ で 0 になるという

のを、 $z^{-1} = \pm \left\{ i \cdot q^{\left(m - \frac{1}{2}\right)} \right\}^{-1} = \mp i \cdot q^{-\left(m - \frac{1}{2}\right)}$ をみたす z で 0

になると考えるのです。つまり、次のようにして(オイラーの
ように)まとめるのです。

$$\left(1 - \frac{z^{-1}}{-i \cdot q^{-\left(m - \frac{1}{2}\right)}} \right)\left(1 - \frac{z^{-1}}{+i \cdot q^{-\left(m - \frac{1}{2}\right)}} \right)$$

$$= \left(1 + \frac{z^{-1}}{i \cdot q^{-\left(m - \frac{1}{2}\right)}} \right)\left(1 - \frac{z^{-1}}{i \cdot q^{-\left(m - \frac{1}{2}\right)}} \right)$$

$$= \left(1 + \frac{z^{-2}}{q^{-(2m-1)}} \right)$$

これも $|q^{-1}| > 1$ なので、(収束に)問題ありません。

つまり $n \geq 0$ のときは($m > 0$ で)、次のような項をかけて作
ります。

$$\left(1 + \frac{z^{-2}}{q^{-(2m-1)}}\right) = (1 + z^{-2}q^{2m-1})$$

結局のところ、求めたい関数は、これらを全部かけた

$$C \prod_{m=1}^{\infty} (1 + z^2 q^{2m-1})(1 + z^{-2}q^{2m-1})$$

となってきます。（C は z に関して定数）

この定数 C が、$C = \prod_{n=1}^{\infty} (1 - q^{2n})$ である関数が、

$$\vartheta_3(v, \tau) = \prod_{n=1}^{\infty} (1 - q^{2n})(1 + z^2 q^{2n-1})(1 + z^{-2}q^{2n-1})$$

です。つまり4つあるテータ関数の中の1つ ϑ_3 です。

ちなみに4つのテータ関数（ϑ_1、ϑ_2、ϑ_3、ϑ_0）は、それぞれ z が（複素数平面の）以下の点で0になります。（n'、n は整数）

$$\vartheta_1 \quad \Longleftrightarrow \quad v = (n' + 0)1 + (n + 0)\tau$$

$$\vartheta_2 \quad \Longleftrightarrow \quad v = \left(n' + \frac{1}{2}\right)1 + (n + 0)\tau$$

$$\vartheta_3 \quad \Longleftrightarrow \quad v = \left(n' + \frac{1}{2}\right)1 + \left(n + \frac{1}{2}\right)\tau$$

$$\vartheta_0 \quad \Longleftrightarrow \quad v = (n' + 0)1 + \left(n + \frac{1}{2}\right)\tau$$

2293	2297	2309	2311	2333	2339	2341	2347	2351	2357
2371	2377	2381	2383	2389	2393	2399	2411	2417	2423
2437	2441	2447	2459	2467	2473	2477	2503	2521	2531
2539	2543	2549	2551	2557	2579	2591	2593	2609	2617
2621	2633	2647	2657	2659	2663	2671	2677	2683	2687
2689	2693	2699	2707	2711	2713	2719	2729	2731	2741
2749	2753	2767	2777	2789	2791	2797	2801	2803	2819
2833	2837	2843	2851	2857	2861	2879	2887	2897	2903
2909	2917	2927	2939	2953	2957	2963	2969	2971	2999
3001	3011	3019	3023	3037	3041	3049	3061	3067	3079
3083	3089	3109	3119	3121	3137	3163	3167	3169	3181
3187	3191	3203	3209	3217	3221	3229	3251	3253	3257
3259	3271	3299	3301	3307	3313	3319	3323	3329	3331
3343	3347	3359	3361	3371	3373	3389	3391	3407	3413
3433	3449	3457	3461	3463	3467	3469	3491	3499	3511
3517	3527	3529	3533	3539	3541	3547	3557	3559	3571

∞ ∞

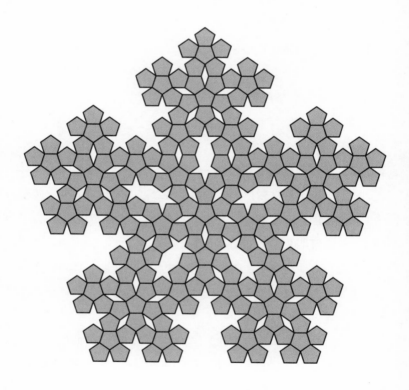

恩師の**久保田富雄**先生から、「代数」「幾何」「解析」に関するいくつかの資料をいただきました。もう 10 年以上前のことです。その中の「代数関係の資料」は、すでに『ガロア理論「超」入門』（技術評論社）で紹介させていただきました。今回は（意欲的な読者のために）「解析関係の資料」（「ロピタルの定理・テイラーの定理」「フーリエ解析」）を、ここに紹介させていただきます。

　じつは先生は、2020 年 6 月 30 日午前 2 時 3 分に永眠なされました。ご冥福をお祈りするとともに、出版に際しての参考にと、貴重な資料をお渡しくださったことに感謝いたします。

　同封されていた手紙には、それぞれ以下のように書かれていました。（元の資料は白黒です。）

・・・・・・・・・・・・・・・・・・・・・・・・・・・・・・・・・・・

▶《ロピタルの定理・テイラーの定理》

　テイラーの定理は微積分学の最重要な基本定理であり、関数のベキ級数展開等応用が広いものであるから、理論の始めの方でわかりやすく証明しておくことが望ましい。しかし、実際には筋のわかり難い証明が多く、中には積分を使って証明している教科書もある。一方、ロピタルの定理は大抵付け足しのように小さく扱われている。

　ここでは、ロピタルの定理を、まずしっかりと前面に出して証明しておくことにより、テイラーの定理は殆どその系のように、簡単に導けることを示す。

▶《フーリエ解析》

　フーリエ解析は、数学だけでなく工学方面でも利用され、それを十分学習したいと望む学生は多い。しかし、フーリエ解析の教科書は、初歩のものですら、逆変換可能の条件が相当一般的に述べられていて、有界変動の関数など、微分積分を終えたばかりの学生には難しすぎる概念が出てくるため、結局理論の基礎がわからないまま、先に進むことになりがちである。

　ここでは、扱う関数を「部分的に2階連続微分可能」という条件をみたすものに限ることによって、初歩の微積分の知識だけで逆変換の証明がわかりやすく把握でき、しかも、実際に利用される関数はすべて網羅されることを示す。

▶ロピタルの定理

ロピタル (l'Hospital) の定理 (1次導関数の場合)

　$g(t)$、$h(t)$ が
$t \in [0 , x]$ について連続で、$g(0) = h(0) = 0$、$h(x) \neq 0$ であり、また $t \in (0 , x)$ については微分可能 かつ $h(t) \neq 0$ ならば、
$$\frac{g(x)}{h(x)} = \frac{g'(\theta x)}{h'(\theta x)}$$ となる $\theta\,(0 < \theta < 1)$ が存在する。

[証明]

$\varphi(t) = g(t)h(x) - h(t)g(x)$ と置くと、$\varphi(0) = \varphi(x) = 0$

故に**ロルの定理**により

$\varphi'(\theta x) = g'(\theta x)h(x) - h'(\theta x)g(x) = 0$　となる θ $(0 < \theta < 1)$

が存在する。　　（証終）

もし $g'(t)$、$h'(t)$ が $g(t)$、$h(t)$ と同じ条件を満たすならば、定理内の θx を改めて x と書くことにより、前より小さい θ を用いて $\dfrac{g(x)}{h(x)} = \dfrac{g''(\theta x)}{h''(\theta x)}$ が得られる。

この際 $g'(t)$、$h'(t)$ が $[0 , x)$ で定義されることが必要となるが、閉区間または半開区間で微分可能な関数は、その区間を含む開区間で微分可能な関数をもとの区間に制限したものと定義して一般性を失わない。

同様な推論をくりかえせば：

ロピタル (l'Hospital) の定理 (一般の場合)

$g(t)$、$h(t)$ が

$t \in [0 , x]$ について連続、

$t \in [0 , x)$ については $(n-1)$ 回連続微分可能で $(n \geq 1)$、

$$g(0) = g'(0) = \cdots = g^{(n-1)}(0) = 0$$

$$h(0) = h'(0) = \cdots = h^{(n-1)}(0) = 0、\ h(x) \neq 0 \ であり、$$

さらに $t \in (0 , x)$ については n 回微分可能で

$h(t)$、$h'(t)$、$\cdots$、$h^{(n)}(t)$ がいずれも 0 にならないならば、

$$\frac{g(x)}{h(x)} = \frac{g^{(n)}(\theta x)}{h^{(n)}(\theta x)} \quad となる \ \theta \ (0 < \theta < 1) \ が存在する。$$

テイラーの定理は、この定理から簡単に導ける。

テイラーの定理

$f(t)$ が

$t \in [0 , x]$ について連続、

$t \in [0 , x)$ については $(n-1)$ 回連続微分可能であり $(n \geq 1)$、

さらに $t \in (0 , x)$ については n 回微分可能ならば

$$f(x) = f(0) + f'(0)x + \frac{1}{2!}f''(0)x^2 + \cdots\cdots$$

$$\cdots + \frac{1}{(n-1)!}f^{(n-1)}(0)x^{n-1} + \frac{1}{n!}f^{(n)}(\theta x)x^n$$

となる $\theta \ (0 < \theta < 1)$ が存在する。

［証明］

$$g(x) = f(x) - \{f(0) + f'(0)x + \frac{1}{2!}f''(0)x^2 + \cdots\cdots$$

$$\cdots\cdots\cdots + \frac{1}{(n-1)!}f^{(n-1)}(0)x^{n-1}\}$$

$$h(x) = x^n$$

について、**ロピタルの定理（一般の場合）**を適用する。

$$\frac{g(x)}{h(x)} = \left.\frac{g^{(n)}(x)}{h^{(n)}(x)}\right|_{x \to \theta x} = \frac{f^{(n)}(\theta x)}{n!}$$

すなわち $g(x) = \dfrac{f^{(n)}(\theta x)}{n!}x^n$　（証終）

この定理において $f(x)$ を $f(a+x)$ に置きかえてから x に $(b-a)$ を代入し、$a + \theta(b-a) = c$ と書けば、$c \in (a, b)$ であって

$$f(b) = f(a) + f'(a)(b-a) + \frac{1}{2!}f''(a)(b-a)^2 + \cdots\cdots$$

$$\cdots + \frac{1}{(n-1)!}f^{(n-1)}(a)(b-a)^{n-1} + \frac{1}{n!}f^{(n)}(c)(b-a)^n$$

が得られる。

$n = 1$ のときは、 平均値の定理　$f(b) - f(a) = (b-a)f'(c)$ となる。

▶ フーリエ解析

閉区間または半開区間において C^r 級の関数とは、その区間を含むある開区間で C^r 級の関数をその区間に制限したものをいう。

以下 $\boxed{e(x) = e^{2\pi i x} \quad (x \in \mathbb{R})}$ とする。

補題 1

$g(x)$ が $[a\,,\,b]$ で C^1 級ならば、

$$\lim_{N \to \infty} \int_a^b g(x)e(Nx)dx = 0$$

[証明]

部分積分

$$\int_a^b g(x)e(Nx)dx = g(x)\frac{e(Nx)}{2\pi iN}\bigg|_a^b - \int_a^b g'(x)\frac{e(Nx)}{2\pi iN}\,dx$$

により明らか。　（証終）

以下において、区間 $[0\,,\,b]$ の $\underline{b}$ は負でもよいこととし、そのとき $\underline{[0\,,\,b]}$ は $\underline{[b\,,\,0]}$ の意とする。

補題2

$f(x)$ が $[0 , b]$ で C^2 級ならば、

$$r(x) = \frac{f(x) - f(0)}{x} \quad \text{は} \quad [0 , b] \text{ で } C^1 \text{ 級である}$$

［証明］

$$r'(x) = \frac{f'(x) - f'(0)}{x} - \frac{f(x) - f(0) - xf'(0)}{x^2}$$

この式は**テイラーの定理**により

$$f''(\theta x) - \frac{1}{2} f''(\theta' x) \quad (0 < \theta < 1、0 < \theta' < 1)$$

と表され、仮定により $x \to 0$ のとき $\dfrac{1}{2} f''(0)$ に収束する。
（証終）

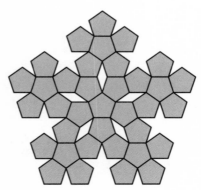

定理1（フーリエの積分公式）

$f(x)$ が $[0, b]$ で C^2 級ならば、

$$\lim_{N \to \infty} \int_{[0, b]} f(x) \frac{\sin 2\pi Nx}{\pi x} \, dx = \frac{1}{2} c_0 \, f(0)$$

$$\left[c_0 = \frac{1}{\pi} \int_{-\infty}^{\infty} \frac{\sin x}{x} dx \right]$$

［証明］

　$r(x)$ を**補題2**のとおりとする。$b > 0$ ならば

$$\int_0^b f(x) \frac{\sin 2\pi Nx}{\pi x} \, dx$$

$$= f(0) \int_0^b \frac{\sin 2\pi Nx}{\pi x} dx + \int_0^b \cancel{x} r(x) \frac{\sin 2\pi Nx}{\pi \cancel{x}} dx$$

$$= \frac{f(0)}{\pi} \int_0^{2\pi Nb} \frac{\sin x}{x} dx + \frac{1}{\pi} \int_0^b r(x) \sin 2\pi Nx \, dx$$

ここで $N \to \infty$ とすれば**補題1**により第2項は0になる。

$b < 0$ ならば $\displaystyle\int_0^b$ を $\displaystyle\int_b^0$ に変えればよい。　（証終）

系

$f(x)$ が $[0 , b]$ （$|b|<1$）で C^2 級ならば、

$$\lim_{N\to\infty} \int_{[0 , b]} f(x) \sum_{|n|<N} e(nx)dx = \frac{1}{2} c_0 f(0) \quad (n \in \mathbb{Z})$$

［証明］

自然数 N について、$b>0$ ならば

$$\int_0^b f(x) \sum_{-(N-1)}^{N-1} e(nx)dx$$

$$= \int_0^b f(x)\left\{\frac{1-e(Nx)}{1-e(x)} + \frac{1-e(-Nx)}{1-e(-x)} - 1\right\}dx$$

$$= \int_0^b f(x)\left\{1 - \cos 2\pi Nx + \frac{\sin 2\pi Nx \cdot \sin 2\pi x}{1-\cos 2\pi x} - 1\right\}dx$$

$$= -\int_0^b f(x)\cos 2\pi Nxdx + \int_0^b f(x)\cos \pi x \frac{\pi x}{\sin \pi x}\frac{\sin 2\pi Nx}{\pi x} dx$$

第1積分は**補題1**によって $N\to\infty$ のとき 0 になる。

第2積分は**定理1**の $f(x)$ として上式の $f(x)\cos \pi x \dfrac{\pi x}{\sin \pi x}$ を用いれば求める値に収束する。

$b<0$ ならば $\displaystyle\int_0^b$ を $\displaystyle\int_b^0$ に変えればよい。 （証終）

定理1において $c_0 = 1$ である。

［証明］

系の $f(x)$ として $\left[\,0\,,\,\dfrac{1}{2}\,\right]$ の**特性関数** χ^+ を採れば、系の等式

の右辺は $\dfrac{1}{2}\,c_0\,\chi^+(0) = \dfrac{1}{2}\,c_0$ となる。

また $\left[\,-\dfrac{1}{2}\,,\,0\,\right]$ の**特性関数** χ^- を採っても同じく $\dfrac{1}{2}\,c_0\,\chi^-(0)$

$=\dfrac{1}{2}\,c_0$ が得られる。

ここで区間の特性関数とは、その区間上の値が1で、外での値が0である関数をいう。

一方 $\displaystyle\int_{-\frac{1}{2}}^{\frac{1}{2}} \sum_{-(N-1)}^{N-1} e(nx)dx = 1$ であるから $c_0 = 1$ （証終）

フーリエ変換の逆変換およびフーリエ級数展開の基本を微積分の基礎知識だけで理解できるように、しかも省略なしに厳密に記述するには、関数を適切な扱いやすいものに制限するのがよい。ここでは「区分的に C^2 級の関数」を用いる。

ℝ 上の 1 つの閉区間において C^2 級の関数の値を取り、その閉区間外では 0 である関数の有限個の和を区分的に C^2 級の関数という。円周 ℝ / ℤ については、その上の閉弧を用いることにより、区分的に C^2 級の関数が同様に定義される。それを ℝ → ℝ / ℤ によって ℝ に引き戻したものを区分的に C^2 級の周期 1 の関数という。区分的に C^2 級の関数は不連続点における値がその前後の値とかけ離れたものになることがあるが、実際には関数の値 $f(x)$ をすべて $\frac{1}{2}\{f(x+0)+f(x-0)\}$ で置きかえたものが扱われるので、不具合は全く生じない。

　関数 $f(x)$ について、$f^*(y) = \int_{-\infty}^{\infty} f(x)e(xy)dx$ を f のフーリエ変換という。

　また周期 1 の関数 $f(x)$ について、$a_n = \int_{0}^{1} f(x)e(-nx)dx$ を f のフーリエ係数という。$(n \in \mathbb{Z})$

定理 2 (フーリエ逆変換)

$f(x)$ が区分的に C^2 級の関数で、$f^*(y)$ が f のフーリエ変換ならば

$$\lim_{N \to \infty} \int_{-N}^{N} f^*(y)e(-ty)dy = \frac{1}{2}\{f(t+0)+f(t-0)\}$$

[証明]

$$\int_{-N}^{N} f^*(y)e(-ty)dy = \int_{-N}^{N}\int_{-\infty}^{\infty} f(x)\,e(xy)dx\,e(-ty)dy$$

$$= \int_{-\infty}^{\infty} f(x)\int_{-N}^{N} e((x-t)y)dydx$$

$$= \int_{-\infty}^{\infty} f(x+t)\int_{-N}^{N} e(xy)dydx$$

$$= \int_{-\infty}^{\infty} f(x+t)\frac{e(Nx)-e(-Nx)}{2\pi ix}\,dx$$

$$= \int_{-\infty}^{\infty} f(x+t)\frac{\sin 2\pi Nx}{\pi x}\,dx$$

従って

$$\lim_{N\to\infty}\int_{-N}^{N} f^*(y)e(-ty)dy$$

$$= \lim_{N\to\infty}\int_{-\infty}^{0} f(x+t)\frac{\sin 2\pi Nx}{\pi x}\,dx$$

$$+ \lim_{N\to\infty}\int_{0}^{\infty} f(x+t)\frac{\sin 2\pi Nx}{\pi x}\,dx$$

であるから、$f(x+t)$ という x の関数に**定理 1** を適用すればよい。
（証終）

$f(x)$ が区分的に C^2 級の周期 1 の関数で、$\{a_n\}$ が $f(x)$ の
フーリエ係数ならば

$$\lim_{N \to \infty} \sum_{|n| < N} a_n e(nt) = \frac{1}{2} \{f(t+0) + f(t-0)\}$$

［証明］

自然数 N について

$$\sum_{-(N-1)}^{N-1} a_n e(nt) = \sum_{-(N-1)}^{N-1} \int_0^1 f(x) e(-nx) dx\, e(nt)$$

$$= \int_0^1 f(x) \sum_{-(N-1)}^{N-1} e(n(x-t)) dx$$

$$= \int_0^1 f(x+t) \sum_{-(N-1)}^{N-1} e(nx)\, dx$$

従って

$$\lim_{N \to \infty} \sum_{|n| < N} a_n e(nt)$$

$$= \lim_{N \to \infty} \int_{-\frac{1}{2}}^{0} f(x+t) \sum_{|n| < N} e(nx)\, dx$$

$$+ \lim_{N \to \infty} \int_0^{\frac{1}{2}} f(x+t) \sum_{|n| < N} e(nx) dx$$

であるから、$f(x+t)$ という x の関数に**定理 1 の系**を $b = \pm\dfrac{1}{2}$ として適用すればよい。　　（証終）

　これまで用いてきた定義によれば、区分的に C^2 級の $\mathbb{R}$ 上の関数は有限区間外では 0 になる。そのためフーリエ変換を扱った**定理 2** がやや一般性に欠ける結果となる。この欠点を補うには、$[a, \infty)$ または $(-\infty, b]$ の形の半開区間で C^2 級であり、その区間外では 0 である関数 $f(x)$ のうち、$f(x)$ と $f'(x)$ が共に L_1 である関数を区分的に C^2 級の関数の構成につけ加えるとよい。**定理 1** は、$f(x)$ が $[0, \pm\infty)$ において C^2 級であり、さらに上記 2 つの積分可能性を持てば、$b = \pm\infty$ とみなしてそのまま成り立つ。証明は $[0, \pm\infty)$ の中に任意の有限区間 $[0, B]$ をとり、**定理 1** の極限値　$\displaystyle\lim_{N\to\infty}\int$　が $[0, B]$ 外では**補題 1** によって 0 になることをいえば、あとは同様である。

　最後になりましたが、久保田先生からお渡し頂いた資料を本書に掲載すべく、ご尽力された編集者の成田恭実様に感謝いたします。先生に『ガロア理論「超」入門』の増刷を報告した際に、「あの本の売れ行きが良いことは、日本の学術文化のために誠に喜ばしいことと存じます。」とのメールを頂きました。フーリエ解析は、ガロア理論と並んで、数学の発展の分岐点になったといわれています。先生の読者の皆様への思いが伝われば幸いです。

索引

参考文献

▶ **参考文献（ネットで公開）**

　1 『約数の和の公式』（Rimse 理事長賞）

　　　　京都府　京都府立洛北高等学校２年

　　　　ホッジ　ルネ　倫　（著）

　　　　⤴ 自称（'ホッジ' 予想や 'ルネ'・デカルトとは無関係）

▶ **（引用）書籍**

　2 『無限オイラー解析』（現代数学社）

　　　　高橋 浩樹（著）

▶ **（参考）書籍**

　3 『宇宙と宇宙をつなぐ数学』（KADOKAWA）

　　　　加藤文元（著）

　4 『数学の女王』（共立出版）

　　　　Jay R.Goldman（著）　　鈴木将史（訳）

　5 『整数の分割』（数学書房）

　　　　ジョージ・アンドリュース　キムモ・エリクソン（著）

　　　　佐藤文広（訳）

　6 『本格数学練習帳1 ラマヌジャンの遺した関数』（岩波書店）

　　　　D. フックス　S. タバチニコフ（著）

　　　　蟹江幸博（訳）

7 『楕円関数論』（シュプリンガー・ジャパン）

A. フルヴィッツ　　R. クーラント（著）

足立恒雄　小松啓一（訳）

8 『楕円積分と楕円関数』（日本評論社）

武部尚志（著）

著者プロフィール

小林 吹代（こばやし・ふきよ）

1954 年、福井県生まれ。

1979 年、名古屋大学大学院理学研究科博士課程（前期課程）修了。

2014 年、介護のため教職を早期退職し、現在に至る。

　著書に、『ピタゴラス数を生み出す行列のはなし』（ベレ出版）

『ガロア理論「超」入門〜方程式と図形の関係から考える〜』

『マルコフ方程式〜方程式から読み解く美しい数学〜』

『ガロアの数学「体」入門〜魔円陣とオイラー方陣を例に〜』

『正多面体は本当に 5 種類か〜やわらかい幾何はすべてここか
らはじまる〜』（技術評論社）などがある。

URL http://fukiyo.g1.xrea.com

　　「1 2 さんすう 3 4 数学 5 Go！」

知りたい！サイエンス

オイラーから始まる
素数の不思議な見つけ方
～分割数や3角数・4角数などから考える～

2021 年 5 月 1 日　　初版　第 1 刷発行

著　者	小林吹代
発行者	片岡　巌
発行所	株式会社技術評論社
	東京都新宿区市谷左内町 21-13
	電話　　03-3513-6150　販売促進部
	03-3267-2270　書籍編集部
印刷／製本	昭和情報プロセス株式会社

●装丁
中村友和 (ROVARIS)
●本文デザイン、DTP、イラスト
株式会社 Keystage21

定価はカバーに表示してあります。

本書の一部または全部を著作権法の定める範囲を超え、無断で複写、
複製、転載、テープ化、ファイルに落とすことを禁じます。

ISBN978-4-297-11936-2　C3041
Printed in Japan